本成果受到中国人民大学“双一流”跨学科重大创新规划平台——
生态文明跨学科交叉平台支持

基于生态福利实现的生物多样性保护政策评价及优化研究

马 奔 著

中国环境出版集团·北京

图书在版编目（CIP）数据

基于生态福利实现的生物多样性保护政策评价及优化研究/马奔著. —北京：中国环境出版集团，2022.9
ISBN 978-7-5111-5110-0

Ⅰ. ①基… Ⅱ. ①马… Ⅲ. ①生物多样性—生物资源保护—研究—中国 Ⅳ. ①X176

中国版本图书馆 CIP 数据核字（2022）第 054196 号

出 版 人 武德凯
责任编辑 周 煜 张 颖
责任校对 薄军霞
封面设计 宋 瑞

出版发行 中国环境出版集团
（100062 北京市东城区广渠门内大街 16 号）
网　　址：http://www.cesp.com.cn
电子邮箱：bjgl@cesp.com.cn
联系电话：010-67112765（编辑管理部）
010-67138929（第六分社）
发行热线：010-67125803，010-67113405（传真）

印　　刷 北京鑫益晖印刷有限公司
经　　销 各地新华书店
版　　次 2022 年 9 月第 1 版
印　　次 2022 年 9 月第 1 次印刷
开　　本 787×960 1/16
印　　张 13
字　　数 220 千字
定　　价 58.00 元

前　言

保护与发展的矛盾是全球尤其是发展中国家面临的共性问题和亟须解决的关键问题之一，通过保护政策评价和优化构建矛盾协调机制对探讨这一问题具有重要意义。建立自然保护区是生物多样性保护最有效的形式之一，然而保护区建立的效果具有争议，虽然其在生物多样性保护上的效果得到广泛认同，但在社会效果实现上仍存在矛盾，体现在减贫、提高收入和提升福祉等方面。通过生物多样性保护提升社区生计是协调保护与发展的关键措施之一。

本书从农户生态福利实现的视角建立社区和生态系统服务之间的纽带，以陕西和四川的大熊猫自然保护区内及周边社区农户为研究对象，从生态系统供给、调节和文化功能视角对农户福利的实现进行评价，并从生态和生计两方面对保护政策效果进行评价，进而分析农户生态福利实现对保护政策效果的响应机理。从政策的溢出效应、反馈效应、交互效应，以及社区偏好视角对政策进行优化，具体做法包括将自然保护区和周边社区组成的人与自然耦合系统划分为保护区内、周边和保护区外三区，采用匹配估计量分析保护区的建立对生态福利实现和生态与生计效果的直接溢出效应。通过结构方程模型分析生态福利实现对生态保护和生计效果的影响机理。采用结构方程模型分析保护政策对未来国家公园建设和新一轮退耕还林参与意愿的影响，探索保护政策的反馈效应；以生态旅游和生态移民政策为例，采用倾向得分匹配方法探讨参与政策的生态和生计效果以及综合作用效果，探索保护政策的交互效应；从社区偏好视角，采用选择实验法分析社区对不同保护与发展政策组合的偏好。

本书得出的主要结论包括以下六点：第一，生态福利是农户收入来源的重要组成部分，尤其是保护区内和周边社区，生态福利对二者收入的贡献率超过50%。建立自然保护区并未显著增加保护区内农户生态福利，但是显著增加了保护区周边农户的生态福利。第二，自然保护区的建立产生了显著的正向生态效果，减少了保护区内及周边社区对自然资源的利用，并显著增加了保护区内及周边社区林地巡护及参与救助野生动植物的频次，对保护区内社区参与保护区的宣传教育活动也有显著促进作用。建立自然保护区对社区生计提升有正向作用，尤其是对保护区周边社区，显著提升了周边社区的人均纯收入和福祉，具有显著的减贫效应，体现出自然保护区的建立对周边社区产生了正向的生计和生态溢出效应。第三，不同生态福利的实现程度对生态和生计效果的影响程度不同，供给功能福利、调节功能福利，以及文化功能福利实现对农户保护态度有显著的正向影响，调节功能福利以及文化功能福利实现对减贫有显著的正向影响。此外，贫困对农户保护态度有显著的负向影响。第四，现有的生物多样性保护政策都产生了积极的正向反馈效应。农户生态福利实现是政策演变的重要中介影响机制，是政策考核和完善的重要依据。农户生态福利实现对参与国家公园建设和新一轮退耕还林的意愿有显著的正向影响，体现出生态福利实现是保护认知和行为的重要动因。第五，生态旅游产生了显著的正向生计效果，显著提高了农户收入并减轻了贫困，但是也产生了显著的负向生态效果，显著增加了薪柴消耗量和野生植物采集量。生态移民政策产生的生计效果并不显著，但其产生了显著的正向生态效应。生态旅游和生态移民这两项政策同时开展，产生了协同的政策效果，实现了生态保护和生计提升的“双赢”。第六，国家公园建设、生态旅游开发、生态公益林补偿年限、生态岗位和生态公益林补偿金额这五项保护与发展政策能显著提高农户参与生态保护方案实施的意愿。农户对不同保护与发展政策组合的偏好程度存在差异，对生态旅游开发的偏好程度最大，其次是生态岗位提供，再次是国家公园建设，最后是生态公益林补偿金额和补偿年限。

研究结果评估了我国典型区域保护与发展的现状，发现保护与发展的矛盾难以化解，但可以通过全面和系统的政策设计实现协调。为此，从保护政策溢出、反馈、协同和组合的视角对未来保护与发展政策优化规划出协调路径。基于此，本书提出生物多样性保护政策要注重社区生态福利实现，建立成本与收益相匹配的生态补偿机制，降低国家公园内退耕还林的准入门槛，不能忽视生态旅游开发造成的负面生态影响，注重多重政策组合的实施和社区偏好等政策建议。

感谢北京林业大学温亚利教授对本书的撰写给予了悉心的指导，感谢密歇根州立大学尹润生教授在撰写过程中提出了诸多有益的建议，感谢北京林业大学侯一蕾、段伟、申津羽、赵正、秦青、吴静、刘梦婕、雷硕、冯骥、才琪、黄元、苏凯文、郑杰、张茹馨、李想、甘慧敏、任婕、杨洁、姚蕾、秦悦婷等在数据采集过程中提供的支持。同时，感谢密歇根州立大学张宇乾博士、鹿罡博士在文献资料搜集过程中给予的帮助，以及陕西省林业局贺海霞、陕西太白山国家级自然保护区胡崇德、陕西周至国家级自然保护区司开创、陕西佛坪国家级自然保护区梁启慧、陕西省老县城国家级自然保护区李东群、陕西皇冠山省级自然保护区刘戈飞、四川王朗国家级自然保护区蒋仕伟、四川雪宝顶国家级自然保护区赵定、四川龙溪—虹口国家级自然保护区卢矛展、四川鞍子河省级自然保护区王磊等领导和同志在数据调查中给予的帮助。

本书出版受到中国人民大学“双一流”跨学科重大创新规划平台——生态文明跨学科交叉平台支持。由于笔者水平有限，书中不足之处在所难免，敬请广大读者批评指正。

目 录

第一章 绪 论

第一节 研究背景及问题提出

一、研究背景

保护与发展的矛盾是全球尤其是发展中国家面临的共性问题和亟须解决的关键问题之一。从全球范围看，生态保护与经济发展如何协调是当前许多国家面临的重要难题，尤其是在发展中国家，经济发展通常伴随着资源消耗。联合国将生物多样性（水下生物、陆地生物）保护以及减贫、提升福祉等都作为重要的可持续发展目标，并指出一个目标实现的关键往往依赖其他目标相关问题的解决，体现出生物多样性保护和经济发展是相辅相成的。

建立自然保护区是就地保护生物多样性最有效的形式之一。截至 2018 年年底，我国共建立不同类型和级别的自然保护区 2 750 个，其中自然保护区陆地面积约占全国陆地面积的 14.88%（生态环境部，2019）。自然保护区与社区空间接壤和重叠、资源相互交错。在保护区内仍然存在着大量的社区和农户，据调查统计结果，截至 2014 年年底，全国 1 657 个已界定边界范围的自然保护区内共有居民 1 256 万人（唐芳林，2019）。2021 年以前，我国的保护区区域和贫困区域高度重叠。保护政策的影响不仅局限在保护区内，对保护区周边及外围区域也有较大的影响，只是影响强度存在差异。如果将保护区区域的辐射范围扩展到周边及外围，那么保护范围会进一步扩大，更重要的是涉及的社会经济因素也更加多变，包括社区人口数量、资源开发程度、社区发展能力水平、区位资源禀赋等因素。事实上这部分区域确实会受到保护政策较大的影响，并涉及生态系统、社会经济系统的复杂关联关系。我国正处于经济社会快速发展和变革时期，特别是近年来的农村经济发展模式转变、集体林产权制度改革、城镇化进程加快等变化，使生物多样性保护与社区发展的利益关系更加复杂。保护与发展的矛盾焦点是自然资源的保护与利用，核心是保护与发展的利益关系协调。

生物多样性保护越来越重视其对人类福利实现的贡献，尤其是保护区周边社区农户福利能否实现直接关系保护是否可持续。消除极端贫困与饥饿和确保环境可持续是联合国实现可持续发展的两大重要目标，其核心目的是通过生态保护提升农户生态福利，并以生态福利实现促进生态系统保护。党的十八大报告首次把生态文明建设纳入中国特色社会主义事业"五位一体"总体布局。党的十九大报告中明确提出，加快生态文明体制改革，建设美丽中国。这对我国生态保护工作提出了新的发展目标和制度要求。同时，随着乡村振兴战略的实施以及"绿水青山就是金山银山"理念的提出，生态保护不仅要保护好生态系统的多样性，同时也要将生态系统服务的价值惠及周边社区，实现保护与社区发展的"双赢"。

在新发展时期，习近平总书记在党的十九大报告中提出，加快生态文明体制改革，建设美丽中国。增强民生福祉成为生态文明体制改革的重要目标之一。建设人与自然和谐共生的现代化国家或社会，既要创造更多的物质财富和精神财富以满足人民日益增长的美好生活需要，也要提供更多优质的生态产品以满足人民日益增长的优美生态环境需要。因而保护区不仅要保护好生态系统的多样性，同时也要将生态系统服务的价值惠及周边社区，实现生物多样性保护与社区发展的"双赢"。为了实现保护的长期有效，管理必须考虑当地居民的发展需求。事实上，公众接受和社区参与是保护目标成功的关键（Stankey et al.，2006）。我国自然保护区多分布在"老少边穷"地区，居民日常生计和收入直接依赖当地生物资源，各地脱贫致富的发展意愿强烈，居民为提高收入而过度采集、利用生物资源的现象广泛存在，所以亟须实现生物多样性保护和区域发展的"双赢"。现阶段，中国生物多样性保护事业已经到了一个岔路口，保护政策调整和创新成为我国生物多样性保护面临的最迫切的任务，而社区农户的生存利益保障是保护工作的重中之重。

以国家公园为主体的自然保护地体系的建立面临保护与发展的新问题，建立自然保护地体系是生态文明建设的重要举措之一。根据我国自然保护地发展的需要，在原有以自然保护区为主的保护地体系基础上，推进国家公园体制试点建设。

随着《建立国家公园体制试点方案》和《建立国家公园体制总体方案》的陆续发布，我国国家公园试点不断建立并取得初步成效。党的十九大报告进一步明确提出“加快生态文明体制改革，建设美丽中国”和“建立以国家公园为主体的自然保护地体系”，为我国生态保护工作提出了新的发展目标和制度要求，也将我国国家公园体系建设和相关制度的研究提上了新的高度。

国家公园体制改革前，我国以自然保护区为主体的保护地体系还覆盖了自然保护区、风景名胜区、国家森林公园等多种类型保护地，在我国生态环境和生物多样性保护方面发挥了重要作用。但是，这种体系在发展的过程中出现了保护地体系不科学、管理权责不清晰、管理制度不健全、法律体系不完善等问题，特别是资源及生态保护对区域经济和社会发展的影响越来越明显时，建立更为完备的保护投入和利益保障制度体系变得至关重要。国家力图以国家公园为主体的自然保护地体系建设为契机，进一步理顺和完善现有保护地的相关政策和制度体系，并将其作为我国保护地体系健康发展的重要基础和保障。然而国家公园体系的构建使现有保护政策在实施过程中受到更加复杂和多元的社会经济因素的影响，现有的保护政策需要进一步完善，新的保护政策也需要不断制定以适应新时期新的保护需求。新的保护地体系将涉及更大范围生物多样性保护领域，在实施过程中也将受到更加复杂和多元的社会经济因素的影响，人与自然耦合强度更大。因此，通过保护促进社区福利实现将成为保护政策的重要目标，同时也是保护与可持续的重要前提。

中国特色社会主义进入新时代，保护与发展的矛盾已经发生了转移。从短期来看，物种数量的快速恢复增长与保护扰动压力，与投入、保护理念密切关联。从长期来看，大的栖息地环境压力仍在增加，尤其是我们这样的发展中国家，应该认识到微观压力向宏观层面转换的威胁是普遍的。国家层面的努力和社区层面的环境改善虽然会在短期内缓解环境压力，但从长期来看，这种压力并没有完全消失，而是转换为区域性发展压力，这种转换可能会影响物种的灭绝程度。因此，只有从更大尺度的区域视角思考如何进行物种保护，才能更加契合生物多样性保护要求，符合自然社会发展规律。生物多样性保护与发展的协调也应该由微观协调转向宏观协调，从周边社区视角转向大的区域视角。区域经济增长要坚持生态优先，强化生态保护，合理开发资源，这样会在一定程度上降低发展速度，因而需要在国家层面上统筹发展，积极推进重大生态保护工程进程，制定合理的生态补偿制度，协调区域发展。通过保护区的保护政策促进区域协调发展是保护政策的优化方向。保护区不能成为保护孤岛，需要通过保护政策带动周边社区参与保护，构建保护网络。经过改革开放的社会经济快速发展时期，自然保护区和社区发生了脱节，以往社区对保护区资源不可持续的利用、乱砍滥伐等现象已经大大减少甚至基本消失，但是保护区和社区的脱节使社区不再依赖保护区的资源，保护区专注于保护区内野生动植物资源和动物栖息地的保护，而忽视了社区的发展，这造成保护区成为一个个孤岛，无法形成一套保护网络，也不可避免地造成栖息地破碎化、种群交流受限等情况的发生。保护区的建设工作不应该限制社区资源利用，而应该通过保护增加社区的生态福利，进而构建社区保护的连接机制，促进人与自然的和谐相处。

因而，我们应该认识到，保护与发展又走到了一个新的路口，新时期保护政策如何给周边社区带来福利，进而促进政策效果的提升是当前需要探索的方向。本书从农户视角研究保护政策、区位禀赋和发展政策对生态福利实现和政策效果提升的作用；分析自然保护区建立产生的新的生态区位（保护区内、保护区周边和保护区外），进而分析自然保护区的建立对生态福利、社区生计和生态保护的影响；分析自然保护区政策效果的溢出效应、反馈效应以及保护政策之间的协同或拮抗效应；最后从社区偏好和参与意愿视角为保护与发展政策的方案设计提出优化建议，进而为相关保护与发展政策的制定提供科学依据，为进一步研究人与生态环境的关系提供科学翔实的学术支撑。通过生物多样性保护给农户带来更多的生态福利，同时加强农户对保护政策制度的响应，这对现有保护政策的完善优化具有非常重要的现实意义，也是本书立论及研究视角选择的重要依据。

二、研究问题的提出

1956 年我国第一个自然保护区——鼎湖山自然保护区建立，在改革开放快速发展的时期，我国以自然保护区为主体的保护地体系覆盖了自然保护区、风景名胜区、国家森林公园等多种保护地类型，在我国生态环境和生物多样性保护方面发挥了重要作用。但是，我国以自然保护区为主体的保护地体系在发展的过程中出现了保护地体系不科学、管理权责不清晰、管理制度不健全、法律体系不完善等问题，特别是资源及生态保护对区域经济和社会发展的影响越来越明显。随着以国家公园为主体的自然保护地体系的建立，保护范围不断增加，保护与发展的矛盾在不断加大。保护政策与区域发展、扶贫政策产生了分离，实施过程缺乏整体的协调机制，造成保护政策的孤立。在现实中，评价生物多样性保护政策的效果成为政策优化完善的重要基础，也是当前管理部门开展绩效评价的重要依据。为此本研究的现实问题如下：①如何通过社区参与提升生物多样性保护的效果？②生物多样性保护政策在不同区域的实施效果存在何种差异？是否会存在政策效果衰减？③是否保护得越严格，保护政策效果越好？④现有的生物多样性保护政策和未来保护政策如何兼容？⑤自然资源是生计安全网还是贫困陷阱？

根据当前生物多样性保护政策存在的现实问题，提出以下科学问题：①农户从生态系统中获得多少福利？②农户生态福利如何实现？③农户生态福利实现如何影响保护政策效果及保护政策效果提升如何实现？④现有的生物多样性保护政策存在哪些问题，如何进行优化？

第二节 研究目的和意义

从典型农户生态福利视角出发，在控制社会经济特征、区位特征、发展能力等变量的基础上，研究生物多样性保护政策（包括建立自然保护区、退耕还林和天然林保护工程）对农户生态福利实现和保护政策效果提升的作用；同时对自然保护区建立产生的新生态区位（保护区区域内、区域周边和区域外）进行对比研究，探讨农户生态福利和生物多样性保护政策之间的关联关系和影响机制，为进一步研究人与生态环境的关系提供科学翔实的例证支撑，本研究具有较强的学术意义，也是公共资源管理领域中具有科学价值的学术研究，受到国内外高度关注，持续成为国际研究的热点之一。同时，基于国家公园体制改革试点的实践以及新的保护地体系的构建，对解决如何通过政策调整和机制创新，促进生物多样性保护既为农户提供更多的生态福利，又加强农户的保护政策制度响应，进而完善、优化现有保护政策的问题具有较强的现实意义。

一、研究目的

梳理现有的保护政策，分析在保护过程中农户生态福利实现对政策效果提升的作用关系和内在机理，以期更加全面客观地从农户层面认识政策实施效果、作用机理和未来演进过程，规划完善路径，为实现国家生态文明制度建设在保护区建设中具体化提供科学依据和实证支撑。具体的研究目标分解如下：

第一，通过对生物多样性保护政策效果评价的文献数据进行整理及计量分析，探析影响保护政策效果指标选取以及评价结果差异的因素。

第二，构建生态福利实现和保护政策效果评价的指标体系并进行评价。

第三，从农户视角对保护政策进行评价，并探讨保护政策效果的影响机理。

第四，基于对农户生态福利实现对人与自然耦合系统的溢出、反馈和交互效应的分析，对保护政策效果的内部作用机理进行分析。

第五，基于现有的生物多样性保护政策，通过选择实验法从农户偏好视角分析不同生态福利实现程度的农户对生物多样性保护政策的参与意愿和政策偏好，规划出未来保护政策的优化路径。

二、研究意义

从学术意义来看，党的十九大以后，国家对建设美丽中国高度重视，把增进民生福祉作为发展的根本目的。生态文明建设越来越强调制度化建设，保护政策是协调保护与发展的重要举措之一。新形势下需要更加客观地评价保护政策的实施效果。为了更好地保护和修复自然生态，基于典型森林自然保护区的研究，从保护政策本身的实施效果评价、不同对象接受的差异性、政策之间的替代和关联关系出发进行研究，对保护与发展政策制定有重要的意义。构建保护区内、保护区周边以及保护区外三区域和政策实施效果影响机制的分析框架，为研究保护与发展领域的政策实施影响提供了依据。此外，通过对人与自然耦合系统的溢出、反馈和交互效应进行分析，优化保护与发展政策，实现社区福利实现和政策效果提升的“双赢”，对丰富可持续发展理论、生态经济学理论、福利经济学理论等有重要的学术意义。本研究是当前社区视角下保护与发展政策优化领域的新拓展，对新时期认识人与自然的关系以及制度在人与自然关系调节中发挥的作用具有重要的学术意义。

从实践意义来看，我国目前已经建立了多种类型的保护地，党的十九大报告明确提出，建立以国家公园为主体的自然保护地体系。加大生态系统保护力度，完善天然林保护制度，扩大退耕还林。在这些过程中，原有的保护政策需要不断改进和完善，新的保护政策也需要不断建立和充实。然而相同的保护政策在不同的生态经济系统中的效果是存在差异的。为此，本研究选取典型大熊猫自然保护区，对保护政策效果的影响进行分析；同时，分析政策之间本身的替代和关联关系，并对保护政策之间的作用关系进行系统认知，对保护政策效果进行科学评价，以期从典型实证研究的一般角度提炼出保护与发展的政策经验模式，探索出通过社区生态福利改善实现生态效益和社会效益“双赢”的政策实现路径。本研究不仅为典型自然保护区自身的政策和制度完善提供科学依据，而且对已有政策的完善和新政策的制定具有重要的实践意义。

第三节 研究内容与技术路线

一、研究的主要内容

本研究从典型区域的角度，将保护政策作用于复杂的人与自然耦合系统中，分析系统的溢出和反馈效应，并分析不同保护政策的交互作用以及社区对保护政策组合的偏好，这样能够更全面、更深入地认识资源管理政策和保护政策。在此基础上，为政策的改进和完善以及区域发展模式的优化提供依据。主要研究内容的逻辑关系如图 1-1 所示。

本研究的重点内容包括以下几部分：

第一，保护政策效果评价及溢出效应分析。基于农户生态福利的生物多样性保护政策效果评价是当前政策和制度分析的重要研究视角，对未来政策的制定和现有保护政策的优化具有重要意义。保护政策效果分为物种保护效果、机构管理效果和社区响应效果三种。社区农户是政策的实施客体，其对政策的响应程度是体现政策效果的重要方面。因此，本研究从社区农户自然资源利用、保护行为参与、收入、福祉和贫困方面分析保护政策效果。同时，社区响应效果也是物种保护效果和机构管理效果的重要体现和影响因素，在以往的研究中被忽视，因此本研究主要从社区视角分析保护政策效果。

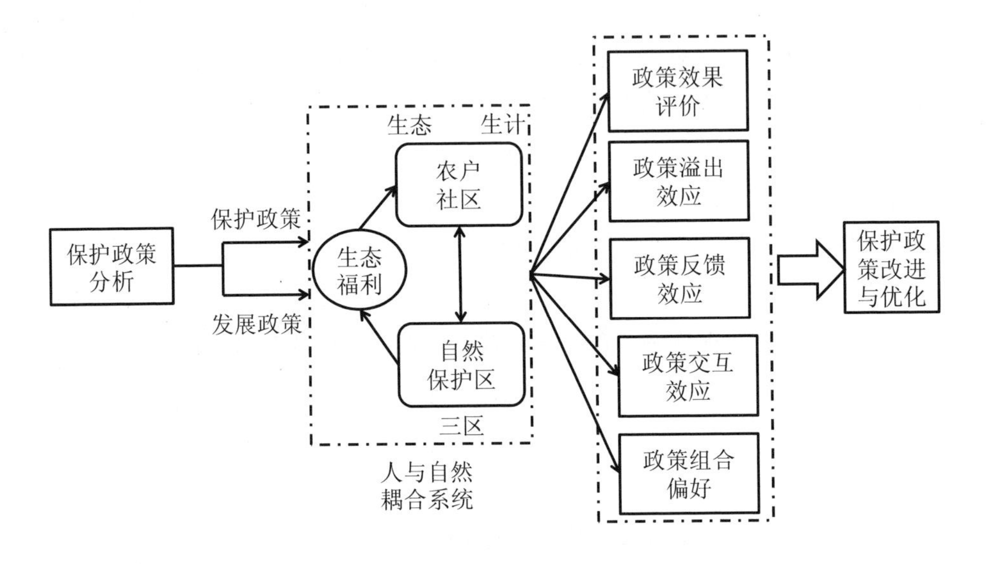

图 1-1　主要研究内容逻辑关系

在此基础上，本研究主要对保护政策效果的影响机理进行分析。在控制了区位条件、资源禀赋、发展能力等变量的基础上，分析保护政策效果的影响机理。保护区建立产生了新的区位（保护区内、保护区周边、保护区外，简称“三区”）。保护区的分布不是随机的，这就带来了样本选择偏误的问题。因此，采用匹配估计量方法模拟随机试验过程，主要分为保护区内和外围农户匹配、保护区内和保护区周边的匹配以及保护区周边和外围的匹配三种，通过三区的设置可以全面了解自然保护区建立是否产生有效的保护效果，从而了解保护区建设对生态和生计效果的影响机理。同时，三区的设置不仅可以评估保护区建立的直接效应，还可以进行保护政策溢出效应分析。保护政策效果评价及影响机理分析为政策优化提供方向，也为分析农户福利对政策效果的影响机制奠定基础。

第二，生态福利水平的测度分析及对政策效果的影响机理分析。生态福利是农户从生态系统中获得的福利。如何测度农户生态福利，国外已有相关尝试，但在我国还缺乏实证支撑。为此本研究将生态福利划分为从供给服务功能中获得的福利（农林土特产品、薪柴、水资源等）、从调节服务功能中获得的福利（由减少的自然灾害、病虫害的频次、损失，以及生态补偿体现）、从文化服务功能中获得的福利（生态旅游相关的经营收益）三种。本研究主要探讨农户获得的直接福利，而支持功能产生的福利大多是间接的，因而并未纳入。生态福利实现在区域间存在差异，同时受政策、自然和社会因素的影响。因而，可以在控制区位条件、发展水平、家庭特征等因素的基础上，分析自然保护区建立对农户生态福利实现的影响及溢出效应。在认识到农户生态福利实现和政策效果的影响机理后，基于生态福利实现的保护效果提升的研究是本研究的核心，即探究如何实现农户生态福利提升和保护政策优化的“双赢”。为此本研究从农户生态福利出发，构建福利与保护政策生态和生计效果的关联机制。农户生态福利、保护政策生态效果和生计效果之间存在着复杂的相关关系。在此，采用结构方程模型，从农户生态福利出发检验其对保护政策效果的影响，同时分析生态和生计效果的关联关系，以期达到农户生态福利实现和政策效果提升的目标。

第三，生物多样性保护政策效果的反馈效应分析。生物多样性保护政策的实施是一个不断推进的过程，现有的政策在实施过程中可能会延续或被新的政策替代，在此过程中政策的兼容性和可持续性至关重要。

建立大熊猫自然保护区是大熊猫及其栖息地的主要保护形式，辅以森林公园、国有林场等其他保护区的建设，同时开展退耕还林以及天然林保护工程。党的十九大以后，国家开始推行以国家公园为主体的自然保护地体系，在大熊猫栖息地建立国家公园，而大熊猫国家公园建设包含了现有的自然保护区。此外，第一轮退耕还林工程到期后，政府开展了第二轮退耕还林工程。现有的保护政策对未来保护政策的反馈是政策可持续评估的重要依据。据此，本研究采用结构方程模型，从社区视角分析社区参与自然保护区建设和第一轮退耕还林工程对国家公园建设和新一轮退耕还林工程参与意愿的影响，并评估农户生态福利实现的中介效应，即现有保护政策可能会通过影响农户生态福利实现进而对未来保护政策参与意愿产生影响。探索保护政策的反馈机制，可以减少负向反馈效应、加强正向反馈效应，实现保护政策的优化。

第四，保护政策效果的交互作用分析。生物多样性保护政策分为保护政策和发展政策两种。保护政策包括建立自然保护区、实施退耕还林以及天然林保护工程等内容，发展政策包括生态旅游、生态移民、生态岗位等内容，保护与发展政策通常相辅相成，综合作用于人与自然耦合系统。不同政策相互作用会产生协同或拮抗的效果，在政策实施过程中发挥政策的协同作用而规避政策之间的拮抗作用对优化保护政策有重要意义。为此，本研究以生态旅游和生态移民两项发展政策为例，采用倾向得分匹配法分别评价生态旅游和生态移民的生态和生计效果，并对两项政策综合作用的生态和生计效果进行评估，比较政策的实施效果，进而为政策的优化提出建议。

第五，基于农户生态福利实现的生物多样性保护政策优化。基于上述研究内容，可以充分认识农户生态福利实现对保护政策效果的影响机理，然而政策优化的关键不仅要提高农户的生态福利，还需要认识农户对不同政策组合的选择偏好。本研究探讨不同生态福利的农户保护政策参与意愿及政策选择偏好。首先，对生物多样性保护政策中的保护政策和发展政策进行分析，选取建立国家公园作为约束政策的主要表现，选取生态旅游开展、保护区生态岗位提供，以及生态公益林补偿作为激励政策的主要表现；其次，通过选择实验法对两大政策之间的关联关系进行分析，一方面了解不同生态福利农户参与生物多样性保护的意愿，另一方面了解农户对不同保护政策的选择偏好；最后，基于 7 个典型保护区周边社区的调查数据，运用选择实验法，借助随机参数 Logit model（评定模型，可写作 Logit 模型）对生物多样性保护政策的偏好进行分析，发现不同生态福利农户对保护政策的偏好和响应程度、政策之间的关联关系，进而为保护政策优化提供依据。

二、研究的技术路线

围绕本研究的目标和内容，将理论分析和实证研究结合，在分析国内外保护与发展、保护政策优化等方面的参考文献，研究农户生态福利实现、保护政策评价、区位划分依据等方面的具体应用模型和实际调查资料的基础上，基于微观实证研究，得出农户生态福利和保护政策之间的关联关系，建立农户生态福利实现和保护政策效果提升的机制，使它们能在学术和政策层面得到应用。研究的技术路线框架如图 1-2 所示。

第一，对现有生物多样性保护政策进行梳理和分析，进一步了解未来以国家公园为主体的自然保护地体系对新的保护政策的需求。

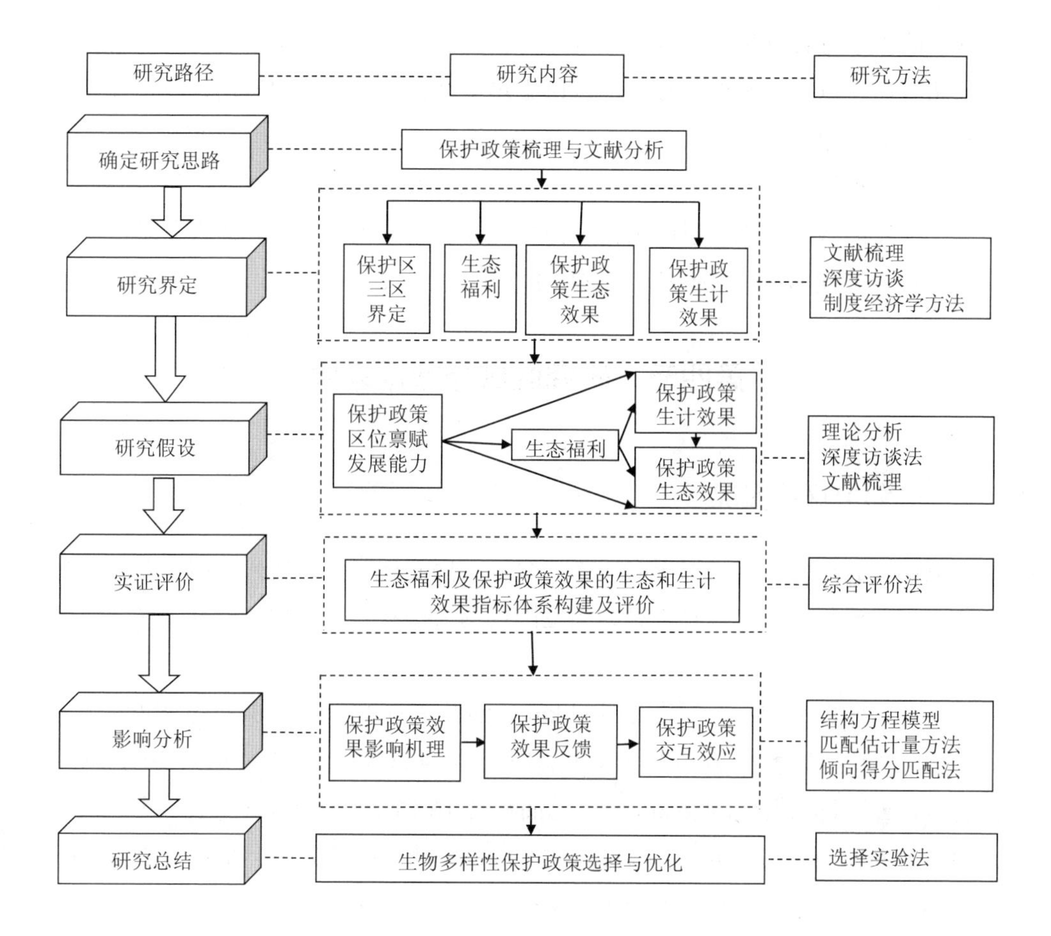

图 1-2 研究的技术路线框架

第二，根据研究的目标和内容，在原有研究基础上，考虑保护与发展的典型性，选取四川和陕西典型大熊猫自然保护区及周边社区作为研究区域，选取的自然保护区均位于大熊猫国家公园试点范围内，对样本村和样本农户的具体情况进行实地调查，全面了解和分析样本区域（保护区内、周边及区外）的保护政策、区位禀赋和发展能力水平。

第三，在上述调查的基础上，测度、评价农户生态福利实现的程度以及保护政策的实施效果，并分析它们在三区间的差异性。

第四，基于保护政策、区位禀赋及发展能力，对农户生态福利和保护政策效果的影响机理进行分析。

第五，在以上分析的基础上，探讨生物多样性保护政策的溢出效应、反馈效应和政策交互效应影响。

第六，根据前面的研究，从农户参与意愿和政策选择偏好视角，结合当前国家保护与发展政策和未来以国家公园为主体的自然保护地体系的建设需求，提出现有保护政策优化和未来保护政策制定的建议。

第四节 研究区域与数据来源

一、研究区域概况

从研究区域生态保护概况看，本研究以大熊猫国家公园四川片区以及陕西片区作为主要研究区域，选择国家公园范围内的大熊猫自然保护区和社区作为研究对象。

大熊猫国家公园总面积为 27 134 km^2，涉及 3 省 12 市（州）30 县（市、区）。其中，四川涉及面积为 20 177 km^2，占总面积的 74.36%，涉及 7 市（州）20 县（市、区）；陕西涉及面积为 4 386 km^2，占总面积的 16.16%，涉及 4 市 8 县（市、区）；甘肃涉及面积为 2 571 km^2，占总面积的 9.48%，涉及 1 市 2 县（区）。大熊猫国家公园试点区域全年平均气温为 12～16℃，最低气温−28℃，最高气温为 37.7℃，全年降水量为 500～1 200 mm，降水量季节分配不均，夏秋季多、春冬季少。根据《全国第四次大熊猫调查报告》，全国野生大熊猫种群数量为 1 864 只，大熊猫栖息地面积为 25 766 km^2。试点区内有野生大熊猫 1 631 只，占全国野生大熊猫数量的 87.5%；大熊猫栖息地面积为 18 056 km^2，占全国大熊猫栖息地面积的 70.08%。然而，试点区域大熊猫栖息地被山脉和河流等自然地形、植被分布、居民点和耕地以及交通道路等隔断，受种群密度低和汶川大地震的影响，保护形势不容乐观。[①]

选取四川片区的 5 个自然保护区，分别为雪宝顶自然保护区、王朗自然保护

① 资料来源：《大熊猫国家公园总体规划（征求意见稿）》，2019 年。

区、蜂桶寨自然保护区、龙溪—虹口自然保护区、鞍子河自然保护区；陕西片区 7 个自然保护区，分别为周至自然保护区、太白牛尾河自然保护区、黄柏塬自然保护区、皇冠山自然保护区、长青自然保护区、佛坪自然保护区、老县城自然保护区。保护区具体概况如表 1-1 所示。

表 1-1 调研自然保护区概况

保护区名称	行政区域	面积/hm^2	类型	级别	主要保护对象	批建时间
雪宝顶	平武县	63 615	野生动物	国家级	大熊猫、川金丝猴、羚牛及其生境	1993-08-28
王朗	平武县	32 297	野生动物	国家级	大熊猫、金丝猴等珍稀动物及森林生态系统	1963-04-02
蜂桶寨	宝兴县	39 039	野生动物	国家级	大熊猫等珍稀动物及森林生态系统	1975-03-20
龙溪—虹口	都江堰市	31 000	森林生态	国家级	亚热带森林生态系统及大熊猫、珙桐等动植物	1993-04-24
鞍子河	崇州市	10 141	野生动物	省级	大熊猫、川金丝猴及森林生态系统	1993-08-28
周至	周至县	56 393	野生动物	国家级	金丝猴等野生动物及其生境	1984-01-01
太白牛尾河	太白县	13 492	野生动物	省级	森林生态系统及大熊猫、金丝猴等野生动物	2004-04-27
黄柏塬	太白县	21 865	野生动物	国家级	大熊猫及其栖息地	2006-12-30
皇冠山	宁陕县	12 372	野生动物	省级	大熊猫及其栖息地	2001-04-13
长青	洋县	29 906	野生动物	国家级	大熊猫、羚牛、林麝等野生动物及其生境	1994-12-14
佛坪	佛坪县	29 240	野生动物	国家级	大熊猫、金丝猴、羚牛等野生动物及其生境	1978-12-15
老县城	周至县	12 611	野生动物	国家级	森林生态系统，大熊猫、金丝猴、羚牛、林麝等野生动物	1993-07-10

从研究县域社会经济发展概况来看，研究的自然保护区及周边社区分布在四川省的平武县、宝兴县、都江堰市和崇州市以及陕西省五县，分别是周至县、太白县、宁陕县、洋县和佛坪县。县域社会经济和保护概况如表 1-2 所示。调查县域的社会经济发展水平较低，2011 年，调查县域的平均人均地区生产总值水平达

表 1-2 研究区域社会经济和保护概况

区域	人均地区生产总值/元		农村居民人均收入/元		森林覆盖率/%	大熊猫数量/只	栖息地面积/hm²
	2011 年	2018 年	2011 年（人均纯收入）	2018 年(人均可支配收入)			
周至	9 832	24 718	6 615	11 954	66.6	56	61 743
太白	21 830	53 364	5 640	10 438	95.0	102	93 375
洋县	14 045	36 176	4 885	10 046	65.6	69	51 689
佛坪	12 403	36 129	4 698	9 850	82.5	85	64 977
宁陕	19 811	49 003	4 815	9 217	90.2	23	60 940
平武	14 055	27 808	4 734	12 478	76.5	335	288 322
宝兴	31 488	61 096	6 553	13 495	62.7	181	192 824
都江堰	26 839	55 446	8 645	21 672	47.6	14	38 347
崇州	21 274	51 126	9 084	21 438	27.1	26	25 898
平均	19 064	43 874	6 185	13 399	68.2	99	97 568
陕西	33 464	63 477	5 028	11 213	41.4	345	360 587
四川	26 133	48 883	6 129	13 331	35.5	1 387	2 027 000
全国	36 302	64 644	6 977	10 371	20.4	1 864	2 580 000

注：（1）数据来源于陕西省、四川省第四次大熊猫调查报告（2017 年）以及各县 2018 年的统计公报。（2）2011 年人均地区生产总值数据来源于陕西省第四次大熊猫调查报告以及四川省成都、绵阳、雅安 2012 年统计年鉴。

不到陕西和四川省的平均水平，也远低于全国平均水平。调查县域中，周至的人均地区生产总值最低，不到 10 000 元，宝兴人均地区生产总值最高，为 31 488 元，但仍然远低于全国平均水平。县域经济发展对自然资源依赖很大，以宝兴为例，经济发展对矿产、石材等资源依赖较大，保护与发展存在较大矛盾。在农村居民人均纯收入方面，调查县域的平均水平略高于陕西和四川的平均水平，但仍低于全国平均水平，其中，崇州农村居民人均纯收入最高。在大熊猫保护和森林保护方面，调查县域的平均森林覆盖率达 68.2%，几乎是四川省平均水平的 2 倍、全国平均水平的 3 倍多；调查县域的大熊猫数量总计为 891 只，占全国数量的 47.8%。在大熊猫栖息地面积方面，调查县域大熊猫栖息地面积总和 878 115 hm²，占全国大熊猫栖息地面积的 34%。保护与发展存在较大的矛盾，在微观层面，农村居民收入增长的需求和大熊猫保护存在矛盾；在宏观区域发展层面，非常低的经济发展水平和生态保护存在矛盾。2018 年，调查县域的社会经济发展水平得到较大的提升。从陕西、四川两省的人均地区生产总值和全国人均国民生产总值看，增幅不超过 1 倍，调查县域的人均地区生产总值增幅大多数超过 1 倍，尤其是佛坪，人均地区生产总值增加了约 2 倍。然而，2018 年调查县域人均地区生产总值的平均水平仍然低于两省和全国平均水平。在农村居民人均可支配收入方面，调查县域的平均水平已经高于四川、陕西以及全国平均水平。

综合来看，调查县域位于大熊猫保护的核心区域，在大熊猫保护方面扮演着重要角色。森林覆盖率高，生态区位重要。同时，从人均地区生产总值以及农村居民人均纯收入增幅看，大熊猫保护并未制约县域经济发展和农村居民人均收入。但是调查区域经济发展水平处于较低的水平，经济发展对自然资源存在较大依赖，未来保护与区域发展矛盾仍然尖锐。

二、数据来源

本研究的数据来源于项目组对四川、陕西大熊猫自然保护区周边社区的家庭调查结果。项目组对大熊猫自然保护区周边社区有将近 20 年的调查研究积累，基于之前调查研究的设计，同时在参考国际林联，即国际林业研究中心（Center for International Forestry Research）社区调查技术指导手册（Poverty Environment Network，2007）等调查问卷设计的基础上，设计调查问卷，于 2018 年 7 月开始分别对四川、陕西的典型大熊猫自然保护区周边社区开展问卷调查。同时，在自然保护区和省厅主管部门层面开展座谈，搜集了关于县域社会经济发展、自然保护区总体规划、自然保护相关政策条例等方面的相关资料。

此外，考虑到四川和陕西的自然保护区管理、周边社区生产生活方式存在差异。四川自然保区内社区数量不多，尤其是 2018 年调查的自然保护区，保护区内很少存在集体林，在自然保护区定界规划的过程中，为便于管理、减少与社区的冲突，社区未被纳入，导致不少保护区内存在“天窗”，如雪宝顶自然保护区，泗耳藏族乡的泗耳村被保护区包围，但属于保护区外。而陕西的大熊猫自然保护区内则存在社区和集体林，如周至自然保护区涉及 15 个行政村的土地资源。老县城自然保护区、黄柏塬自然保护区、佛坪自然保护区、太白牛尾河自然保护区、皇冠山自然保护区等区域内都有社区和集体林分布。周边社区生计来源以种植业以及外出打工为主，因而在研究中以边界区分保护区内、周边以及区外社区，分析自然保护区政策的影响效应评估时，纳入四川保护区周边社区的样本将产生偏差。本研究在分析保护政策评价、影响机理时，以陕西大熊猫自然保护区周边社区为样本；当考虑生态旅游、生态移民等政策影响时，同时纳入陕西和四川样本。具体样本使用在各个章节中将分别进行具体描述。

最终本研究共收集问卷 1 270 份，样本分布如表 1-3 所示。其中四川自然保护区周边社区收集问卷 620 份，平武县 201 份，宝兴县 172 份，都江堰市 168 份，崇州市 79 份。陕西自然保护区周边社区收集问卷 650 份，其中周至县 252 份，太白县 140 份，洋县 75 份，佛坪县 81 份，宁陕县 102 份。

表 1-3 数据来源及样本分布

省份	市	县	自然保护区	大熊猫国家公园	样本量/份
陕西	西安	周至	老县城保护区、周至保护区	周至分局	252
	宝鸡	太白	黄柏塬保护区、太白牛尾河保护区、太白山保护区	太白山分局、宁太分局	140
	汉中	洋县	长青保护区	长青分局	75
		佛坪	佛坪保护区	佛坪分局	81
	安康	宁陕	皇冠山保护区	长青分局	102
四川	绵阳	平武	王朗保护区、雪宝顶保护区	绵阳分局	201
	雅安	宝兴	蜂桶寨保护区	雅安分局	172
	成都	都江堰	龙溪—虹口保护区	成都分局	168
	成都	崇州	鞍子河保护区	成都分局	79
总计					1 270

第五节 研究的创新之处

本研究创新之处有以下三点：

第一，生态系统服务和人类福祉的关系通常停留在概念上，如何量化生态系统服务对人类福祉的贡献成为研究热点。为此，本研究从生态福利实现的视角建立起社区和生态系统服务之间的纽带，并基于此对保护政策效果进行评估，分析政策效果的影响机理。不仅从社区生计视角对政策进行评估，同时还考虑了生态系统服务的响应，研究从生态福利视角具有一定的创新性。

第二，在保护政策效果评价中，自然科学学者大多从生态效应角度进行评估，他们大多只关注社会效应，关注单一的政策效果可能会造成顾此失彼。为此，本研究从生态和生计两个方面构建了评价体系，探索了两种效应是权衡还是“双赢”的关系，并且提出保护区内、周边及区外的三区划分，不仅对保护政策的直接效应进行评价，同时还考虑了政策产生的溢出效应，更加全面合理。

第三，本研究分析了多重政策作用下的交互效果、政策兼容性和社区偏好，进而规划出政策的优化路径。本研究是社区视角下保护与发展协调政策优化研究领域的拓展，为现有保护政策优化及未来保护政策制定提供实证支撑，通过选取典型保护区，包括国家公园试点区域，研究结论不仅对保护区管理有重要价值，对国家公园建设以及其他类型自然保护地的建设也具有重要的借鉴意义。

第二章　理论基础及研究综述

理解人与自然的互动如何产生可持续的资源管理效果成为众多研究领域关注的话题。这些领域包括社会生态系统、人与自然耦合系统、公共资源管理、环境资源和生态经济学、环境人类学、哲学和社会学、政治生态学、可持续科学、保护生态学、土地利用与土地覆盖变化。众多领域的研究积累了丰富的人类行为变化和生态保护效果的影响分析成果，在各自领域形成人与自然互动研究的理论和框架（Cox et al.，2016）。

在此，本研究重点梳理自然资源管理中与本研究主题密切相关的理论和研究框架，在此基础上提出研究的理论模型和框架。

第一节　理论基础

一、研究概念

（一）自然保护区

本研究中的自然保护区以狭义的自然保护区为主，是指以科学研究和自然保护为目的而确定的自然保护区域（薛达元等，1995）。这类自然保护区生态资源最为丰富、生态区位也最为重要，在我国生物多样性保护中起基础性作用。本研究将自然保护区和社区组成的人与自然耦合系统分为三区，具体划分标准在借鉴王昌海（2014）、Clements 等（2014）的基础上，把“保护区内社区家庭”定义为居住在自然保护区的实验区外围边缘内的社区家庭；“保护区周边社区家庭”定义为居住在距离自然保护区的实验区边缘外 10 km 以内的社区家庭；“保护区外社区家庭”定义为居住在自然保护区的实验区外围边缘 10 km 以上的社区家庭，该距离为农户从家到自然保护区外围界碑的实际距离。保护区内社区受保护政策的严格限制，但同时其生态系统的服务功能价值最高。保护区周边社区受保护政策的部分限制，生态系统的服务功能价值次之。保护区外社区基本不受自然保护区保护政策的影响，但是周边生态系统的服务功能价值较低。

（二）生态福利

本研究中的生态福利是从微观农户视角进行界定的，是指农户从生态系统中获得的福利，对农户生计提升有重要作用。目前生态福利的定义和研究大多从宏观视角进行，宋维明在生态文明贵阳国际论坛上揭示论坛主题时指出，生态福利是指在发展绿色经济中，将空气、水、土壤、矿产和其他自然资源的利用计入国家财富预算，由自然资本、生态产品提供而产生的惠及人民生产、生活等多方面社会福利的总和（中国林业信息网，2016）。赵凌云（2014）认为生态福利包括生态产品、生态价值等生态物质福利以及生态养生、生态旅游、生态休闲等生态文化福利，是一个国家国民生态需求满足程度的总和。从微观层面定义和测度生态福利还没有统一的观点和方法，但在测度生态系统对农户贡献方面已有相关尝试。Yang 等（2015）通过对农户收入来源进行分类，构建了生态系统服务依赖指标体系。为此，本研究在对现有研究进行整理的基础上，从微观层面提出可定量测度农户从生态系统中获得的福利的指标体系和方法。

农户从生态系统获得的福利是一个庞杂的科目，很难细化并面面俱到，且很多科目无法直接度量，包括减少的自然灾害损失、饮用水、获得的地方依恋、清新的空气等项目（MA，2005）。为此，本研究基于联合国千年生态系统评估中构建的生态系统服务概念框架，聚焦农户在生态系统中获得的可测度的主要生态福利，并且将生态福利表示为从生态系统供给服务功能中获得的福利、从生态系统调节服务功能中获得的福利以及从生态系统文化服务功能中获得的福利 3 种。

从生态系统供给服务功能中获得的福利包括农作物收入、林业收入以及畜牧业收入，农户从自然资源利用中获得的收入都纳入供给功能福利，包括直接获取的（薪柴、林产品、水资源、山野菜等）以及通过生产经营获取的（包括牲畜饲养、农林地种植等）两种。因为通过生产经营获得福利同样依赖于生态系统的供给功能，所以用农作物收入、林业收入以及畜牧业收入表示农户从生态系统中获取的供给功能福利。

生态系统的调节服务功能包括空气质量调节、气候调节、水土保持、水质净化、生物控制等，这方面的福利难以直接测量，大体是间接的。本研究基于生态补偿项目的福利主要是为了补偿提升生态系统调节功能而使农户放弃的福利，因而生态补偿作为调节功能福利的机会成本可用于代替农户从调节服务功能中获得的福利。

从生态系统的文化服务功能中获得的福利主要通过与生态旅游相关的经营收益体现。本研究主要探讨农户获得的直接福利，而支持功能产生的福利大多数是间接的；同时支持服务也是供给服务、调节服务和文化服务的基础，其产生的福利可以通过其他 3 项福利体现（De Rus，2010）。因而，为避免重复计算，生态福利测算并未纳入支持功能福利。具体测度指标体系如表 2-1 所示。

表 2-1 生态福利指标体系

指标	测度单位	影响方向	参考文献
生态系统供给功能福利			MA（2005）；Fedele 等（2017）
人均农作物收入	（元/a）	+	
人均林业收入	（元/a）	+	
人均牲畜养殖收入	（元/a）	+	
生态系统调节功能福利			MA（2005）；李聪等（2017）；Yang 等（2013a）
人均退耕还林补偿	（元/a）	+	
人均生态公益林补偿	（元/a）	+	
其他生态补偿	（元/a）	+	
生态系统文化功能福利			MA（2005）；Yang 等（2013a）
人均生态旅游相关收益	（元/a）	+	

注：指标体系的设计根据项目组前期调研研讨成果和已有文献，基于典型代表性和可获得性原则提出。+表示影响方向为正。

生态旅游收入包括农户参与农家乐经营，从事导游、司机，销售旅游土特产等与生态旅游相关的收入。生态补偿收入包括野生动物肇事补偿、生态公益林补偿、退耕还林补偿和天然林补偿等。

（三）生物多样性保护政策

本研究的保护政策主要是指生物多样性保护政策，具体表现为国家或地方为保护生物多样性而采取的具体措施，包括颁布相关保护法律，国家层面如颁布《中华人民共和国森林法》《中华人民共和国野生动物保护法》《中华人民共和国自然保护区条例》等法律法规，区域层面有地方出台的《生态补偿条例》《湿地保护条例》以及保护区“一区一法”规定等。同时出台了相关规划，国家层面有《全国生态保护“十二五”规划》《全国生态保护“十三五”规划纲要》《全国野生动植物保护及自然保护区建设工程总体规划》等，区域层面包括自然保护区总体规划、地方生态环境保护规划等。在具体操作层面还有生态保护工程，包括野生动物与自然保护区工程、退耕还林工程、生态公益林保护工程、天然林保护工程等。这些与生物多样性保护密切相关的法律法规、规划和工程等共同构成了生物多样性保护政策，成为我国生物多样性保护的主体。这些生物多样性保护政策在实施过程中不是孤立的，通常综合作用于某一区域和对象，因而在分析过程中需要进行综合考虑。同时，保护政策是复杂多样的，本研究聚焦研究区域对社区影响大以及社区参与广泛的重要政策，按照政策实施目标将保护政策分为保护限制政策（包括建立自然保护区、国家公园，退耕还林和天然林保护）和保护发展政策（包括生态旅游、生态移民和生态岗位）两类。

“建立国家公园体制”是《中共中央关于全面深化改革若干重大问题的决定》中确定的工作任务之一，我国 10 个国家公园试点的工作于 2015—2017 年在相关十三省份开展，我国国家公园体系建设进入实质实施阶段。目前国家公园建立处于试点阶段，建立自然保护区是当前就地保护生物多样性最有效的形式。《中华人民共和国自然保护区条例》是自然保护区建设与管理的重要依据，1994 年 9 月 2 日国务院第 24 次常务会议讨论通过，自 1994 年 12 月 1 日起施行，根据 2017 年 10 月 7 日发布的《国务院关于修改部分行政法规的决定》（国务院令第 687 号）修订，最新的《中华人民共和国自然保护区条例》对社区参与保护做了明确的规定，具体包括禁止在自然保护区内进行砍伐、放牧、狩猎、捕捞、采药、开垦、烧荒、开矿、采石、挖沙等活动。除了《中华人民共和国自然保护区条例》，与生物多样性保护密切相关的法律还包括《中华人民共和国森林法》《中华人民共和国野生动物保护法》。同时为了保护生物多样性，国家在保护区域还实施了一系列生态保护工程，主要有退耕还林工程、天然林保护工程。

退耕还林工程于 1999 年在四川、陕西、甘肃开始试点，2002 年该工程在全国25个省（自治区、直辖市）全面启动。工程的主要目的是保护生态环境，在水土流失、沙化、盐碱化、石漠化严重，粮食产量低且不稳定的耕地上有计划、有步骤地停止耕种，因地制宜地造林种草，恢复植被。国家对退耕还林的农民实施粮食和生活费补助，补助标准：长江流域及南方地区每亩[①]退耕地每年补助粮食（原粮）150 kg，黄河流域及北方地区每亩退耕地每年补助粮食（原粮）100 kg。从2004年起，改为现金补助，补助标准：长江流域及南方地区每亩退耕地每年补助210元，黄河流域及北方地区每亩退耕地每年补助140元；每亩退耕地每年补助生活费20元。第一个补助周期从1999年开始，退耕还林经济林补助按5年计算，退耕还林生态林按8年计算。2007年，国务院下发通知，延长退耕还林补助期限：退耕还林生态林再补助8年，退耕还林经济林再补助5年；二期补助减半。从2007年开始，为了确保“十一五”期间耕地不少于18亿亩，不再安排新的退耕还林任务（国务院，2007）。

退耕还林工程以生态保护和农民生计提升为双重目标，取得了显著的政策效果。为进一步巩固退耕还林成果，2014年，国家开展了新一轮退耕还林工程，补助标准：退耕还林每亩补助1 500元，其中现金补助1 200元、种苗造林费300元。补助资金分3次下发，每亩第1年补助800元（其中种苗造林费300元）、第3年补助300元、第5年补助400元。退耕还林工程是一项惠及25个省（自治区、直辖市）和新疆生产建设兵团的3 200万农户的重大民生工程，党中央高度重视。到2020年退耕还林还草近8 000万亩，补偿形式为每亩补偿1 500元、5年分3次发放，新一轮退耕还林工程进一步巩固了生态保护效果，调动了农户参与保护的积极性，同时拓宽了农户收入来源（财政部，2015）。

中国天然林资源保护工程（天然林保护工程）1998年试点，2000年正式开始实施，一期工程于2010年正式结束，二期工程的实施时间为2011—2020年，一期工程对集体林没有任何补偿，二期工程中央财政对承包给农户并且纳入国家级和地方的公益林每年每亩给予10元和3元的补贴。2013年，集体和个人所有的国家级公益林，其森林生态效益补偿由每年每亩10元提高到15元。在我国，生态公益林按事权等级划分为国家级公益林和地方公益林。地方公益林由地方财政

① 1亩≈0.067 hm^2。

予以补偿，标准由各地自行确定。从1998年启动试点以来，对于天然林保护，国家投入了大量的资金。截至2017年年底，国家共投入专项资金3 313.55亿元，取得了显著的保护效果（天保办，2018）。

现有的生物多样性保护政策关于社区参与的大多数是限制性政策，包括限制传统资源利用、旅游开发和基础设施建设等政策，社区发展和利益损失补偿的保护政策较少且不明确，缺乏通过社区参与保护实现福利提升的机制保障。党的十八大以后，国家对生态文明建设高度重视，从国家到区域层面都认识到社区参与生物多样性保护的作用，生物多样性保护政策设计越来越强调社区的参与和可持续获利，在已经出台的地区国家公园保护总体规划中，社区的参与和获益体现较为充分。

为了减少社区对自然资源的依赖，在自然保护区周边实施了生态移民政策。生态移民，将居住在保护区内对自然资源依赖较大以及容易遭受自然灾害的农户家庭，搬迁到住房条件更好以及基础设施更加完善的区域，可以显著减少农户对自然资源的依赖，改善生计状况。在自然保护区建设过程中，生态移民是一项重要的保护与发展政策。《中华人民共和国自然保护区条例》规定自然保护区的核心区严禁农户居住，因而这部分农户大多需要通过生态移民的形式搬出核心区，此外，新时期国家公园建设过程中划入了一部分农户进入国家公园的核心区，未来生态移民政策将是解决国家公园建设与社区发展矛盾的重要手段之一。

生态旅游政策是减缓保护与发展矛盾冲突的重要政策手段之一。自然保护区生态旅游是可持续旅游的一个组成部分，同时也承担保护自然环境和维系当地人民生活的双重责任。在中国，生态旅游从20世纪80年代以来发展迅速，大量自然保护区周边开展了生态旅游，生态旅游成为社区参与保护以及减缓社区对自然资源依赖的重要措施之一。同时，旅游业的部分收入也返还用于保护，实现保护与发展的“双赢”（张昊楠等，2016）。未来随着自然保护地面积的进一步扩大，保护区内及保护区周边会纳入更多的社区，社区受到的保护限制也会增强，这将导致保护与发展冲突进一步产生或加剧。在此背景下，通过生态旅游实现保护与发展矛盾协调的政策需求加大，生态旅游发展会继续加速。

以大熊猫栖息地为例，在大熊猫栖息地周边，很多栖息地并未纳入严格的自然保护区范围，全国第四次大熊猫调查结果显示仅有66.8%的野生大熊猫和53.8%的大熊猫栖息地纳入了自然保护区网络，这意味着仍有较多大熊猫及较大范围的大熊猫栖息地未受到严格保护。在大熊猫栖息地周边分布着大量的社区，野生大熊猫分布在四川、陕西、甘肃三省的17个市（自治州）、49个县（市、区）、196个乡镇中。在此背景下，以社区为基础的自然资源管理成为解决严格保护区面积不足问题的重要举措，尤其在发展中国家，寻找自然资源保护和生计水平提升的“双赢”策略日益重要，以社区为基础的生态旅游成为破解生物多样性保护和社区生计提升难题的重要“工具”。

以社区为基础的生态旅游是以社区为基础的自然资源管理的重要形式，生态旅游被定义为负责任的去自然区域旅游，以期达到保护环境和提高社区生计的双重目标。当前的生态旅游并不是万能灵药，取得了很多成功，但是也存在很多失败的情况（Das et al.，2015；Coria et al.，2012）。适当的监控和评价可以加强生态旅游实施的长期保护效果，有利于生态旅游实施的可持续（Das et al.，2015）。生态旅游活动过量扩容引发了诸多不良后果，如利益相关者之间的博弈错综复杂，社区参与方式不当，保护区内贫富分化差距扩大等问题（Fox et al.，2008；Dearden et al.，2005；Christie et al. 2002）。目前社区参与生态旅游的生计效果的领域已有研究涉及，马奔等（2016a）研究发现保护区周边开展生态旅游能够显著提升居民人均纯收入，主要是非农收入，但是生态旅游的社区参与还存在不足，仅有位置好的少数家庭能够参与。Lonn等（2018）实证比较了哥伦比亚社区参与生态旅游项目对收入和生计变化的影响，发现社区参与后的收入并未发生显著变化，而且生态旅游项目的开展还带来了收入不平等现象。

（四）生物多样性保护政策效果

生物多样性保护政策效果分为物种保护效果、机构管理效果和社区响应效果3类。社区农户是政策的实施客体，其对政策的响应程度是体现政策效果的重要方面。社区响应效果是机构管理效果的体现，社区发展与保护参与是自然保护区管理机构的重要工作内容，同时社区响应效果也是物种及其栖息地保护效果的基础，这些在以往的研究中常被忽视，因而本研究主要从社区视角分析保护政策效果。以往保护政策对社区生计影响的研究，大多关注农户的收入或贫困影响状况，缺乏从多维视角评价农户生计状况的研究。同时，关注社区生态效果的研究大多从社区的保护认知、态度和满意度等主观评价的视角出发，社区对保护的主观态度受调查时间、调查地点、调查方法等多重因素的影响，带有严重的主观随意性，无法作为生物多样性保护生态的效果的主要体现，只能作为评价参考。为此本章从社区农户生计和生态多维视角评价生物多样性保护效果。生计效果包括自然保护区内及保护区周边社区的收入、多维贫困状况和福祉状况；生态效果包括社区保护参与、自然资源利用、保护认知状况。具体生态与生计效果评价指标体系如表 2-2 所示。

表 2-2　保护政策效果评价指标体系

<table>
<tr><th>指标</th><th>测度单位</th><th>法规及参考文献</th></tr>
<tr><td colspan="2">生态效果</td><td rowspan="6">自然保护区条例（2017 年修订）</td></tr>
<tr><td colspan="2">自然资源利用</td></tr>
<tr><td>薪柴采集数量</td><td>t/a</td></tr>
<tr><td>放牧数量</td><td>头/a</td></tr>
<tr><td>野生植物（中草药等）采集数量</td><td>kg/a</td></tr>
<tr><td>砍竹及竹笋收入</td><td>元/a</td></tr>
<tr><td colspan="2">保护行为参与</td><td rowspan="4">段伟（2016）；
Wang 等（2009）；
Yang（2013b）</td></tr>
<tr><td>保护区宣传教育等管理活动</td><td>次/a</td></tr>
<tr><td>救护野生动植物</td><td>次/a</td></tr>
<tr><td>林地巡护</td><td>次/a</td></tr>
<tr><td colspan="2">生计效果</td><td rowspan="4">Ma 等（2019）；
Ferraro 等（2015a）；
Ferraro 等（2011a，2015b）</td></tr>
<tr><td>人均纯收入</td><td>元/a</td></tr>
<tr><td>多维贫困状况</td><td>多维贫困指标评价值</td></tr>
<tr><td>福祉</td><td>1～5 表示非常不满意到非常满意</td></tr>
</table>

生计效果评价指标体系包括人均纯收入、福祉及贫困，家庭人均纯收入包括农作物收入、畜牧业收入、林业收入、工资收入、自营收入以及其他来源收入（Cavendish，2000）。贫困的测度采用多维贫困综合评价值，通过构建多维指标评价体系，包含健康、饮用水、住房、保险、娱乐等 12 个指标，采用综合评价法对多维贫困指标进行评价，具体指标体系构建、选取依据、测度方法及理论见附录 B。主观福祉的测度主要通过询问被调查者进行，通过李克特五分量表法（1 表示“非常不满意”到 5 表示“非常满意”）表示具体的福祉现状。生态效果评价

指标包括自然资源利用和社区保护行为参与。自然资源利用指标的选取基于《中华人民共和国自然保护区条例》对自然保护区内自然资源利用的规定，最终选取薪柴采集数量，放牧数量，野生植物（中草药等）采集数量，木材采伐及林产品（砍竹及竹笋）收入作为资源利用强度的体现。薪柴采集数量通过被调查者估算的家庭年均采集量表示。放牧数量通过家庭放养的牛、羊、马、牦牛的数量表示。野生植物采集数量包括对中草药、山野菜、木耳、香菇等野生植物进行采集的数量。砍竹及竹笋收入包括自食和售卖的收入。社区保护行为参与包括保护区宣传教育等管理活动、救护野生动植物和林地巡护。

二、研究理论

理论构建是通过阐释一组相关概念集的重要因果关系来表达科学知识的关键方式（Cox et al.，2016）。理论模型对构建研究框架、解释实证研究结果具有重要意义。理论在学术研究中具有至关重要的地位，然而当前理论并没有一个通用的、跨学科的定义，并且很多学者混淆了理论、框架和模型的概念，认为三者没有区别（McGinnis et al.，2014）。Ostrom（2005）以及 McGinnis 等（2014）对理论和模型的定义：理论是假定核心变量之间的具体因果关系，是因素之间的相互联系和关系，包括相关关系和因果关系，而模型构成了一般的更详细的关于自变量和因变量函数关系表现形式的理论解释。理论是阐述关于结果变量和自变量之间关系的论述，其中自变量是关于结果变量的充分条件，同时理论会对这种关系发生的机制进行描述。模型是用来检验理论的具体工具，这种工具主要是检验参数和变量相互之间的数学关系。

借鉴已有的成熟理论对构建本研究分析框架具有重要意义，目前在人与自然耦合系统领域已形成很多关于自然资源管理、保护与福利关系、农户行为等方面的理论，本研究对已有的理论体系以及研究借鉴进行梳理，进而为研究分析框架的构建奠定基础。

在人与自然耦合系统研究领域，Hardin（1968）提出了“公地悲剧”理论。在一个公共草场上，牧羊人会利润最大化地进行放牧，因而会增加牧羊的数量。每增加一头羊会增加利润，同时会增加牧场承载力，在这个过程中，牧羊人饲养羊的成本转移到所有的养羊人身上，因而会无限地增加羊的数量造成草场退化。

针对“公地悲剧”，Hardin（1968）提出通过私有化、政府管理等方式解决。自此，学者们对公共产权资源管理展开大量研究，形成了一系列具有影响力的自然资源管理理论，具有代表性的学者如 Ostrom。Ostrom（1990）基于实践发现很多公共的自然资源管理并没有出现“公地悲剧”现象，社区自主治理实现了社会生态系统的可持续，因而他主张以自主治理或多中心治理的形式管理公共产权资源，并发展了一套集体理论，总结归纳了 8 项自主治理原则：①清晰界定边界；②占用规则、提供规则、当地条件，三者相一致；③集体选择；④监督和制裁；⑤分级制裁；⑥冲突解决机制；⑦对组织权的最低限度的认可；⑧嵌套式组织。

此外，Agrawal（2001）在公共资源治理的研究中总结出自主治理和可持续管理资源的规则，进而提出自然资源治理理论，指出了影响公共资源可持续治理的因素以及因素之间的关系。具体因素包括自然资源系统特征、资源使用者团体特征、资源管理规则特征和外部环境特征。自然资源系统特征包括小规模、界限明晰的边界、低程度流动性、资源收益储存的可能性以及可预测性。资源使用者团体特征包括小规模，边界清晰的定义，共同的行为规范，过去成功的管理经验（社会资本、恰当的领导），年轻人在了解不断变化的外部环境的同时和地方传统精英保持联系，团队成员相互依赖，禀赋的异质性，身份认同和兴趣的同质性，较低的贫困程度。制度安排（资源管理规则）特征包括管理规则简单且易于理解，地方设计和管理规则，容易实施的规则，逐级制裁制度，可以低成本裁决，对监管者和其他官员的问责制度。外部环境特征包括技术（低成本排除技术、具有与公地资源相关的适应时间），与外部市场低程度的链接，与外部市场链接的逐渐变化、状态（中央政府不能暗中破坏地方权力、支持的外部认可制度、一定程度的外部援助用于补偿保护活动、资源分配、供给、执行以及治理的嵌套组织）。因素之间存在相关关系，包括资源系统和资源使用者团体之间的关系（资源使用者的住宅位置和资源位置重叠，资源使用者对资源系统有较高的依赖，公地资源的分配公平，使用者需求程度低、需求水平逐渐变化）；资源系统和管理规则之间的关系（与资源使用和再生相匹配的限制）。基于公共资源可持续管理的因素和因素关系，Agrawal 提出了因素之间的因果和相关关系理论。

现有自然资源治理相关理论为本研究奠定了良好的基础：①在人与自然耦合系统的研究中，人与自然是共生的，片面强调经济或保护都不能实现可持续发展，因而需要从生态和生计的视角综合考虑政策的作用效果。②人与自然耦合系统存在复杂的关系，包括反馈、溢出、非线性、阈值、滞后性等关系，简单的线性或相关关系无法刻画这种关系；同时人与自然耦合系统的相关研究不可忽视任何一方的反馈作用，需要同时考虑两者的互动关系。③社区自主治理在地方自然资源管理中扮演着重要角色，社区制定规则、集体行动、监督与制裁等措施可以实现资源可持续利用和保护，充分发挥社区参与的重要作用。

三、理论模型

对生物多样性保护和农户福利实现之间的关系进行研究，其结果产生了分歧，正面、负面以及中性的结果都有实证支撑。保护与农户生态福利之间存在复杂的关系。一方面，生物多样性保护限制了农户生态福利实现，主要体现在保护政策限制了农户对自然资源的利用，包括对木材和非木材林产品的采集。同时保护政策也给社区带来很多隐性成本，如增加了野生动物肇事损失。另一方面，保护政策也存在很多社区发展激励措施，包括生态补偿、生态旅游。为了进一步厘清保护和农户福利的关系，本研究构建了保护和农户生态福利实现的理论模型，以期从理论层面刻画两者之间的关系。具体推导如下。

农户生态福利实现分为供给功能福利实现、调节功能福利实现和文化功能福利实现，其实现程度分别表示为 Y_a，Y_b，Y_c。则生态福利 Y 可表示为

$$Y = Y_a + Y_b + Y_c \tag{2-1}$$

生物多样性保护政策用保护强度 θ（$0<\theta<1$）表示，θ 越大表示保护强度越大，为 0 时表示不存在保护政策，为 1 时表示保护强度最大。Y_a，Y_b，Y_c 都是关于保护政策 θ 的函数，如果所有函数都是单调、连续、二次可微的，则有以下假设：

（1）农户供给功能福利实现随着保护强度的增加而不断减少，同时随着保护强度的增加，供给功能福利减少的程度越来越大。在现实中，一定的保护强度虽然会对农户供给功能福利实现产生负向影响，但不会产生显著影响，然而当保护强度超过一定的阈值就会产生较大的影响。随着保护强度的不断增加，社区农林业生产的核心利益就会受到影响，即

$$\frac{\partial Y_a}{\partial \theta} < 0 \tag{2-2}$$

$$\frac{\partial^2 Y_a}{\partial \theta^2} < 0 \tag{2-3}$$

$$\lim_{\theta \to 0} \frac{\partial Y_a}{\partial \theta} = 0 \tag{2-4}$$

$$\lim_{\theta \to 1} \frac{\partial Y_a}{\partial \theta} < 0 \tag{2-5}$$

（2）农户调节功能福利实现随着保护强度的增加而不断增加，但增加程度随着保护强度的增加而减小。农户调节功能福利实现存在临界值，随着保护强度的增加会不断接近临界值，即

$$\frac{\partial Y_b}{\partial \theta} > 0 \tag{2-6}$$

$$\frac{\partial^2 Y_b}{\partial \theta^2} < 0 \tag{2-7}$$

$$\lim_{\theta \to 0} \frac{\partial Y_b}{\partial \theta} > 0 \tag{2-8}$$

$$\lim_{\theta \to 1} \frac{\partial Y_b}{\partial \theta} = 0 \tag{2-9}$$

（3）农户文化功能福利实现和保护强度之间的关系受到多种效应的影响。一方面，随着保护强度的增加，开展生态旅游所依托的景观资源越来越好，进而有利于文化功能福利实现；另一方面，保护强度的增加会限制生态旅游发展所需的基础设施建设，如景区开发、道路修建、游客数量限制等，对文化功能福利实现产生负向影响。因而保护强度增加带来的景观效应对文化功能福利实现产生正向影响，而基础设施效应对文化功能福利实现产生负向影响。景观效应表示为 $g(\theta)$，则

$$\frac{\partial g(\theta)}{\partial \theta} > 0 \tag{2-10}$$

$$\frac{\partial^2 g(\theta)}{\partial \theta^2} < 0 \tag{2-11}$$

$$\lim_{\theta \to 0} \frac{\partial g(\theta)}{\partial \theta} > 0 \tag{2-12}$$

$$\lim_{\theta \to 0} \frac{\partial g(\theta)}{\partial \theta} = 0 \tag{2-13}$$

基础设施效应表示为 $f(\theta)$，则

$$\frac{\partial f(\theta)}{\partial \theta} < 0 \tag{2-14}$$

$$\frac{\partial^2 f(\theta)}{\partial \theta^2} < 0 \tag{2-15}$$

$$\lim_{\theta \to 0} \frac{\partial f(\theta)}{\partial \theta} = 0 \tag{2-16}$$

$$\lim_{\theta \to 0} \frac{\partial f(\theta)}{\partial \theta} < 0 \tag{2-17}$$

则有

$$Y_c = g\left(\theta\right) + f(\theta) \tag{2-18}$$

对 Y_c 分别求一阶导数和二阶导数，则

$$\frac{\partial Y_c}{\partial \theta} = \frac{\partial g(\theta)}{\partial \theta} + \frac{\partial f(\theta)}{\partial \theta} \tag{2-19}$$

$$\lim_{\theta \to 0} \frac{\partial Y_c}{\partial \theta} = \lim_{\theta \to 0} \frac{\partial g(\theta)}{\partial \theta} + \lim_{\theta \to 0} \frac{\partial f(\theta)}{\partial \theta} > 0 \tag{2-20}$$

$$\lim_{\theta \to 1} \frac{\partial Y_c}{\partial \theta} = \lim_{\theta \to 1} \frac{\partial g(\theta)}{\partial \theta} + \lim_{\theta \to 1} \frac{\partial f(\theta)}{\partial \theta} < 0 \tag{2-21}$$

所有函数都是单调连续的，因而存在 $\check{\theta}$，$0 < \check{\theta} < 1$，使得

$$\frac{\partial Y_c}{\partial \check{\theta}} = 0 \tag{2-22}$$

且

$$\frac{\partial Y_c}{\partial \theta} > 0,\quad 0 < \theta < \check{\theta} \tag{2-23}$$

$$\frac{\partial Y_c}{\partial \theta}<0,\quad \check{\theta}<\theta<1 \tag{2-24}$$

$$\frac{\partial^2 Y_c}{\partial \theta^2}=\frac{\partial^2 g(\theta)}{\partial \theta^2}+\frac{\partial^2 f(\theta)}{\partial \theta^2}<0 \tag{2-25}$$

由此可知，农户文化功能福利实现和保护政策之间呈现倒“U”形曲线关系，随着保护强度的增加，农户文化功能福利实现程度不断增加，当保护强度达到一定的阈值后，随着保护强度的增加，农户生态福利实现程度不断减少。

在此基础上，对农户生态福利实现进行一阶和二阶求导，可得

$$\frac{\partial Y}{\partial \theta}=\frac{\partial Y_a}{\partial \theta}+\frac{\partial Y_b}{\partial \theta}+\frac{\partial Y_c}{\partial \theta}=\frac{\partial Y_a}{\partial \theta}+\frac{\partial Y_b}{\partial \theta}+\frac{\partial g(\theta)}{\partial \theta}+\frac{\partial f(\theta)}{\partial \theta} \tag{2-26}$$

$$\lim_{\theta\to 0}\frac{\partial Y}{\partial \theta}=\lim_{\theta\to 0}\frac{\partial Y_a}{\partial \theta}+\lim_{\theta\to 0}\frac{\partial Y_b}{\partial \theta}+\lim_{\theta\to 0}\frac{\partial Y_c}{\partial \theta}>0 \tag{2-27}$$

$$\lim_{\theta\to 1}\frac{\partial Y}{\partial \theta}=\lim_{\theta\to 1}\frac{\partial Y_a}{\partial \theta}+\lim_{\theta\to 1}\frac{\partial Y_b}{\partial \theta}+\lim_{\theta\to 1}\frac{\partial Y_c}{\partial \theta}<0 \tag{2-28}$$

所有函数都是单调连续的，则存在$\bar{\theta}$，$0<\bar{\theta}<1$，使得

$$\frac{\partial Y}{\partial \bar{\theta}}=0 \tag{2-29}$$

且

$$\frac{\partial Y}{\partial \theta}>0,\ 0<\theta<\bar{\theta} \tag{2-30}$$

$$\frac{\partial Y}{\partial \theta}<0,\ \bar{\theta}<\theta<1 \tag{2-31}$$

$$\frac{\partial^2 Y}{\partial \theta^2}=\frac{\partial^2 Y_a}{\partial \theta^2}+\frac{\partial^2 Y_b}{\partial \theta^2}+\frac{\partial^2 g(\theta)}{\partial \theta^2}+\frac{\partial^2 f(\theta)}{\partial \theta^2}<0 \tag{2-32}$$

由此可知，农户总的生态福利实现和保护政策之间呈现倒“U”形曲线关系，随着保护强度的增加，农户生态福利实现程度不断增加，当保护强度达到一定的阈值后，随着保护强度的增加，农户生态福利实现程度不断减少。

第二节 研究框架

框架提供用于构造理论预期的因果解释概念和术语的基本词汇。框架用于组织具有诊断性、描述性和规范性特征的调查（McGinnis et al.，2014; Ostrom，2005）。在社会生态系统互动研究领域中，形成了很多具有影响力的框架，在这些框架下，学者们开展人与自然耦合的研究，取得了丰硕的成果。已有的较具影响力的框架包括驱动、压力、状态、影响、响应分析框架（DPEIR），地球系统分析框架（ESA），人类系统分析框架（HES），可持续生计框架（SLA），脆弱性分析框架（TVUL），远程耦合分析框架（Telecoupling）等。本研究主要借鉴 Ostrom（2009，2007）提出的社会生态系统分析框架以及 Ferraro 等（2015a）提出的保护地保护效果影响机制框架，具体介绍如下。

一、人与自然耦合系统研究框架

（一）社会生态系统分析（Social-ecological system，SES）框架

SES 框架由 2009 年诺贝尔经济学奖获得者、美国印第安纳州立大学的 Elinor Ostrom 教授构建，为公共资源治理研究与实践提供了一个共同的、令人满意的分析框架和基础，并开始用来分析自然保护地与社区冲突（Williams et al.，2016）。

SES 框架正式提出前，Ostrom 于 2007 年在《美国科学院院报》上发表了超越自然资源管理中“万能灵药”的诊断性方法。该论文解释了 SES 框架提出的背景和必要性。SES 框架提出的主要原因是之前的研究大多关注于设计解决自然资源过度利用的通用解决方案，寄希望于寻找治理社会生态系统的“万能灵药”，如产权形式、治理结构等，用以解决所有的自然资源管理问题。最为著名的解决自然资源管理问题的“万能灵药”案例是哈丁的“公地悲剧”，哈丁提出要么采用政府管理，要么采取私有化的方式。显然哈丁提出的解决自然资源管理问题的“万能灵药”并不是适用一切的，现实生活中存在很多通过自主治理实现资源可持续的公共池塘资源。

社会生态系统是一个复杂的、多元的、非线性的、跨尺度的和不断变化的系统，因此并不存在适用一切的“万能灵药”。针对现实中自然资源管理存在的问题，

学者们可以将现实中实证分析和观察的变量纳入一个嵌套的、多层的分析框架，基于这个框架，可以对自然资源管理问题进行诊断分析。为此，Ostrom 构建了该分析框架，后来又不断进行改进（图 2-1）。该框架是多层的分析框架，图 2-1 仅显示第一层变量的关系，针对某自然资源管理问题，学者们可以在第一层简单地探讨资源系统（RS）、资源单元（RU）、治理系统（GS）和使用者（U）的属性是如何相互影响并互动的，从而影响政策结果。使用这个框架还可以进一步分析这些属性如何受到更大范围的社会、经济和政治设定（S）的影响，以及这个生态系统如何与其他相关的生态系统（ECO）互动。在第一层变量的基础上，可以进一步细分出第二层变量，具体地，资源系统可以分为部门（如水、森林、草原、渔业）（RS1），明晰的产权边界（RS2），资源系统的规模（RS3），人造设施（RS4），系统生产率（RS5），保持平衡属性（RS6），系统的动态可预测性（RS7），储存特性（RS8），地理位置（RS9）9 个部分；资源单位可以分为资源单位流动性（RU1），资源单位增长或更新率（RU2），资源单位互动性（RU3），经济价值（RU4），规模（RU5），可区分性（RU6），时空分布（RU7）7 个部分；治理系统可以分为政府机构（GS1），非政府组织（GS2），网络结构（GS3），产权系统（GS4），操作规则（GS5），集体选择规则（GS6），宪法规则（GS7），监督和惩罚规则（GS8）8 个部分；使用者可以分为使用者数量（U1），使用者的社会经济属性（U2），使用历史（U3），位置（U4），领导力和企业家精神（U5），社会规范和社会资本（U6），对 SES 框架的认知（U7），资源依赖（U8），已使用的技术（U9）9 个部分；互动（I）包括不同使用者的生产力水平（I1），使用者之间的信息分享（I2），协商过程（I3），冲突过程（I4），投资活动（I5），使用者之间的信息交流活动（I6）6 个部分；产出（O）包括社会效果评价（如效率、公平、问责体系）（O1），生态效果评价（如资源利用程度、弹性、生态多样性）（O2），对其他 SES 框架的外部影响（O3）3 个部分；社会、经济和政治设定包括经济发展（S1），人口趋势（S2），政治稳定（S3），政府移民政策（S4），市场激励（S5），媒体组织（S6）6 个部分；相关的生态系统包括气候模式（ECO1），污染模式（ECO2），中心 SES 框架的流入和流出（ECO3）3 个部分。该框架可以用来解释自然资源管理中的问题和成果经验。

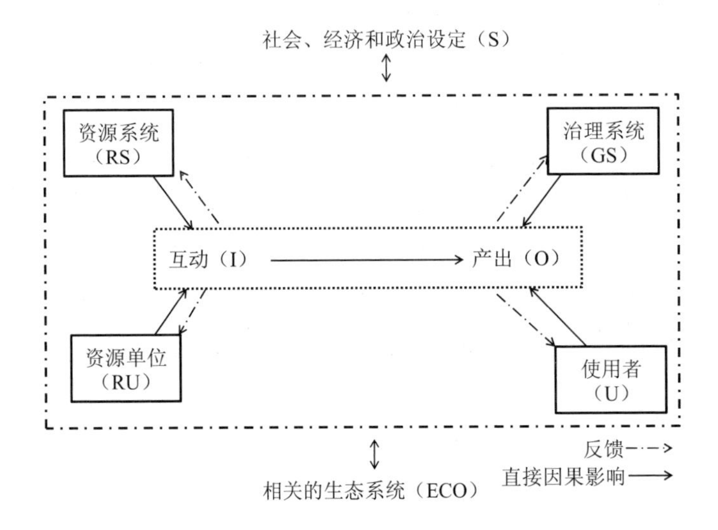

图 2-1 SES 框架（Ostrom，2007）

自然保护地与周边社区通过相互作用形成一个复合系统，这符合社会生态系统理论（Ostrom，2007，2009），保护政策作用于社会生态系统，农户生态福利实现以及生计和生态效果是这个复杂系统的一种产出。从复合系统的视角看，自然保护地与社区存在冲突，其根本原因是自然保护地及周边社区所处的社会-生态系统没有实现良性协调和互动。本研究在主要内容框架设计以及变量选取上充分借鉴 SES 框架，如借鉴资源系统中的边界和位置变量，构建保护区的三区以及其他区位变量；借鉴治理系统的政府机构、产权系统以及规则构建政策变量；借鉴交互变量设计反馈和溢出效应；借鉴结果变量的社会和生态效果构建保护政策评价指标体系。本研究结合研究区域的实际情况及特点，分别对社会子系统，资源子系统，治理子系统，社会经济、自然资源和治理所处的社会经济与政治背景，相关的生态系统特征进行识别，对自然保护地与社区形成的社会生态系统进行模型化处理，构建保护政策评价及优化的理论分析框架。

（二）保护区环境和社会效果影响机制分析框架

在人与自然耦合系统框架构建中，Ferraro 和 Hanauer 于 2015 年在英国皇家学会《哲学学报》（生物科学版）上提出自然保护地环境和社会效果影响机制分析框架。该框架是针对自然保护地政策对人与自然耦合系统的影响的具体理论框架模型，为本研究的研究框架构建提供了基础。

该框架提出时关于自然保护地环境和人类福利影响机理的实证研究已有很多，虽然这种影响机理研究很重要，但是缺少这种影响机理产生原因，即影响机制的相关研究。深入认识保护地环境和社会效果的影响机制，可以帮助学者们以及政策设计者设计并实施更加科学合理的自然保护政策（Agrawal，2014；Ferraro et al.，2014）。

他们对框架中的各元素概念进行了解释。在定义机制的含义前首先需要定义处理变量和结果变量的含义。处理变量（Treatment）这一术语来源于自然科学，在实验科学中广泛应用，在社会科学中指被假设产生社会和环境影响的特殊的政策干预或一系列活动的变量。例如，在自然保护地系统中，处理变量可以是两分类或者多分类，如保护区内和保护区外，强度较弱的保护措施、强度一般的保护措施及强度较强的保护措施。结果变量（Outcome）是被假设受到处理变量的因果影响的变量。例如，森林采伐、生态系统服务、生物多样性、贫困。影响或处理效应是指在两个处理变量作用下的结果的差异。在此基础上，机制的定义为处理变量对结果变量影响的因果关系。机制可以被视为受政策影响的中间结果，也可以被视为中介效应，进而对结果产生因果效应。例如，在自然保护地对贫困影响的研究中，基础设施建设以及冲突是两大重要的影响机制，自然保护地管理政策对基础设施建设以及冲突的生成产生影响，而基础设施建设以及冲突对贫困产生影响。调节变量（Moderator）不受政策干预的影响，但是会影响政策因果效应的方向和程度，因此调节变量不在政策和结果的因果路径上。例如，冲突是自然保护地管理政策对贫困影响的影响机制，而在自然保护地建立之前，社区和政府的冲突现状会对当前的冲突产生影响，但自然保护地管理政策不会对过去的冲突产生影响。在对框架的各组成元素进行定义的基础上，Ferraro 等（2015a）分别提出了自然保护地管理政策对生态和生计效果影响的可能路径，并构建了框架模型，其影响框架如图 2-2 和图 2-3 所示。

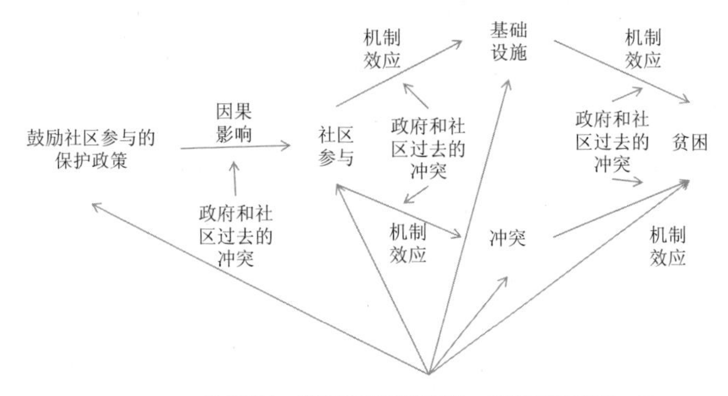

图 2-2　自然保护地管理政策对贫困影响的分析框架（Ferraro et al.，2015a）

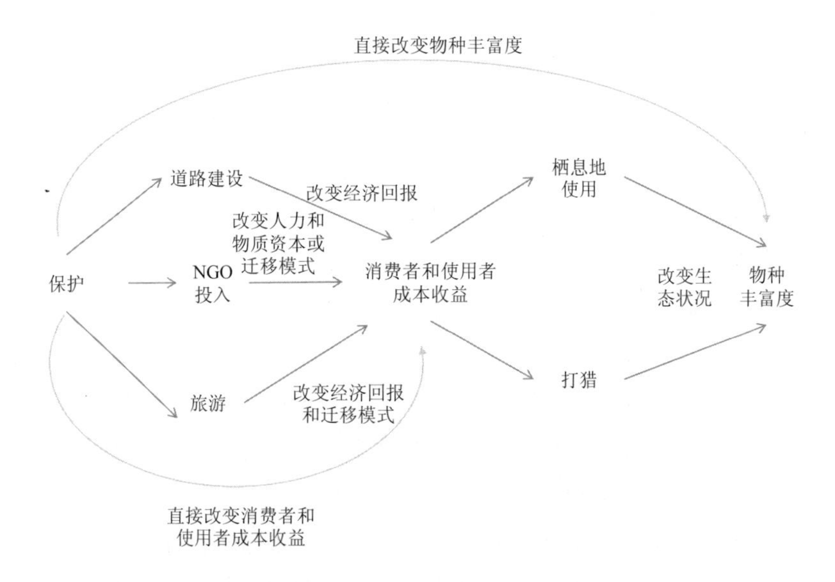

图 2-3　自然保护地管理政策对物种丰富度影响的分析框架（Ferraro et al.，2015a）

图 2-2 是自然保护地管理政策对贫困影响的分析框架。其中，处理变量是保护政策是否鼓励社区参与，机制变量是社区参与程度、基础设施以及冲突，结果变量是贫困程度；调节因子是政府和社区过去的冲突状况；混合变量包括资源潜在的经济回报，以前的冲突和贫困状况以及地方规则。图 2-3 是自然保护地管理政策对物种丰富度影响的分析框架。其中，处理变量是保护，其对应的反事实状况是不保护；影响机制变量包括道路建设、非政府组织（NGO）投入、旅游、消费者和使用者成本收益、栖息地使用和打猎；结果变量是物种丰富度。

二、本书研究框架

基于 Ostrom（2005，2007）、Ferraro 等（2015a）以及其他研究者的人与自然耦合框架设计，设计出研究框架（图 2-4），建立自然保护区是生物多样性保护的最主要的形式之一。在大熊猫栖息地建立自然保护区的同时，政府实施了一系列生态保护工程，如退耕还林、天然林保护和生态公益林等工程，对生物多样性保护也起到了至关重要的作用，共同构成了生物多样性保护政策。大熊猫自然保护区与周边社区构成复杂的人与自然耦合系统，加上生物多样性保护政策的作用，就会产生多重人与自然耦合系统，包括系统内耦合（在大熊猫自然保护区内人与自然生态系统的相互作用），邻近耦合（大熊猫保护区内自然生态与社会经济和区外人与自然生态系统的相互作用），远程耦合（大熊猫自然自然保护区内人与自然耦合系统和远距离人与自然耦合系统的相互作用）。耦合系统间存在反馈、溢出以及相互作用的关系，生物多样性政策作用于在自然保护区内产生的人与自然耦合系统。优化政策方向可以产生系统的正向反馈环、正向溢出效应以及互相加强的不同政策作用效果（Liu，2017）。

本研究中主要处理变量是建立自然保护区。保护政策效果评价不能从单方面考虑，而应该多方面、多视角地进行测度。我们希望可以达到“双赢”的政策效果，但政策效果往往是权衡的，生计效果的提升往往伴随着生态效果的减弱，政策效果的优化需要实现生态与生计效果的“双赢”，为此需要通过优化政策机制实现政策效果的“双赢”。

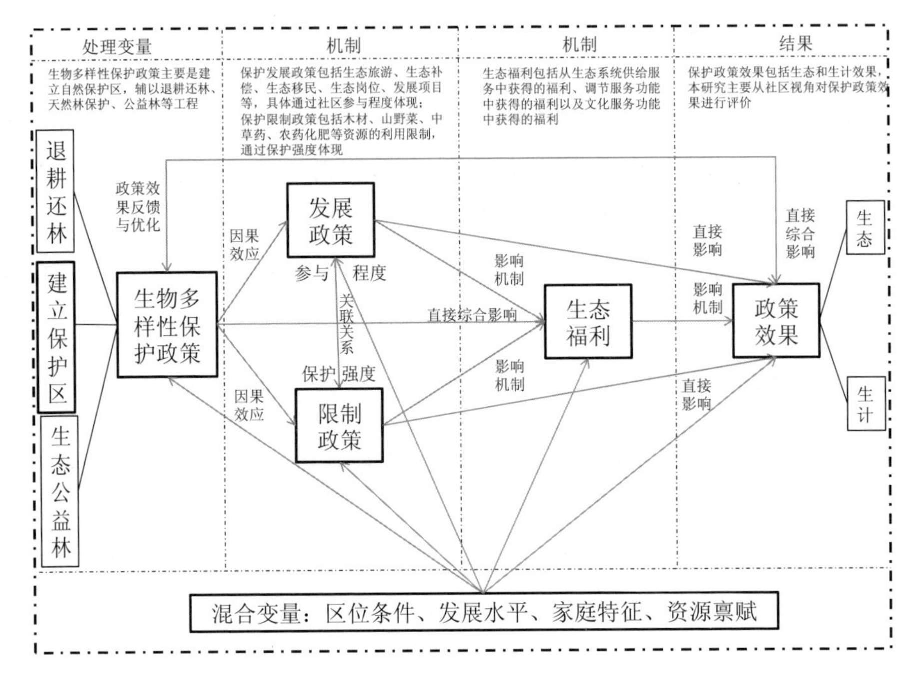

图 2-4 研究框架

本研究的主要目的是以大熊猫自然保护区为例，评估当前生物多样性保护政策的实施效果，分析政策实施效果的影响机理，进而通过优化政策实施机制实现政策效果的提升。社区是生物多样性保护政策的重要参与者和利益相关者，是保护政策的重要主体，为了达到生物多样性保护与社区发展“共赢”的效果，社区参与成为生物多样性保护政策的重要实施目标，具体分为保护发展政策和保护限制政策两类。

保护发展政策的实施机制包括在保护区内及周边开展生态旅游，通过生态旅游带动地方社会经济发展和周边农户的生计提升，从而提高当地政府以及农户的保护参与热情，此外通过生态旅游收益拓宽生物多样性保护资金来源。通过生态补偿增加周边社区农户的收入，生态补偿机制也是保护与发展的重要举措，其覆盖面广且政策效果显著。在大熊猫栖息地周边的生态补偿项目包括野生动物肇事补偿、退耕还林、生态公益林保护等。保护发展项目主要是针对社区替代生计实施以减轻社区对自然资源依赖的绿色发展项目，包括修建节柴灶和沼气池、参与生态农业（包括绿色种植养殖，如在朱鹮自然保护区开展不施加农药化肥的朱鹮大米项目，在老河沟自然保护区开展的周边社区不添加饲料的生猪养殖项目），还有帮助周边社区参与林下经济发展项目，包括林下养蜂、林下中草药种植以及森林旅游等。我国自然保护区面积较大，在初期建设过程中考虑到保护系统的完整性因而纳入了不少社区，其中部分社区位于核心区，《中华人民共和国自然保护区条例》对保护区内生产经营活动进行了严格的限制，而这些活动都是保护区内社区农户生计的重要来源，因而为了降低保护区内社区对自然资源的依赖，地方政府实施生态移民工程。由于大熊猫自然保护区周边社区大多数位于交通偏远、自然灾害频发的地区，贫困现象普遍。党的十八大以后国家对扶贫工作高度重视，生态移民是减贫的重要举措之一，在大熊猫自然保护区周边实施了规模较大的生态移民工程，主要目的是提升社区的生计水平和自然灾害抗逆力，同时减轻社区对自然资源的依赖，取得了显著的成效。未来大熊猫国家公园建立后，生态移民将在保护与发展协调机制中发挥更加重要的作用。

保护发展政策主要通过社区参与实现社区生计水平的提升，同时促进社区参与保护，减轻对自然资源的依赖；而保护限制政策则主要通过法律法规、管理规定等各种规定直接限制农户对自然资源的利用，包括限制放牧、山野菜采集、中草药采集、木材采伐、薪柴采集、挖药、采石等对保护区内资源造成破坏的生产经营活动。保护限制政策实施强度在不同区域、不同类型人群以及不同类型、级别保护地方面存在显著性差异，具体来说，位于保护区内的社区受到的保护限制强度最大，与保护区相邻的社区次之，保护区外的社区受到的影响最小。对于不同生计类型的社区农户来说，以农林生产为主的农户受到的限制政策影响最大，尤其是以林业生产、放牧以及传统采集业为经济来源的社区家庭，其受保护政策的严格限制，家庭生计受保护的负向影响最大。而非农化程度较大的农户生计受保护政策限制的程度较小，尤其是经济来源以外出打工为主的家庭。从保护级别看，国家级保护地限制政策最为严格，管理制度更加完善，保护管理人员更加充足，具有严格的巡护和监测管理计划。省级保护地次之，而市县级保护地的保护限制政策最弱。在保护类型方面，自然保护区是最严格的保护地，保护强度最大，而森林公园、湿地公园、地质公园以及风景名胜区等保护限制政策相对较弱。本研究聚焦大熊猫自然保护区周边社区，将保护强度作为保护限制政策对社区影响的体现，具体通过保护政策对社区各类自然资源利用限制的影响进行测度。

保护发展政策与保护限制政策相辅相成、互相关联，共同构成社区参与的重要机制。保护发展政策和限制政策之间存在较强关联的关系，严格的保护限制政策在实施过程中虽然能起到最好的生态保护效果，但是限制了社区发展，往往会造成保护与发展冲突加大，因而需要较好地协调保护发展政策。因此，严格的保护限制政策往往需要较强力度的发展政策支持，但在实践过程中，由于受到保护限制政策影响最大的社区往往在山区交通不便的贫困区域，地方财政的支持力度极其有限，限制了发展政策的实施。

生态福利实现是本研究政策效果影响评价及优化的重要机制，是保护发展政策和保护限制政策作用的直接体现，对保护政策效果产生直接影响。具体生态福利包括供给功能产生的福利、调节功能产生的福利以及文化功能产生的福利。生态系统的支持功能对社区产生的福利大多是间接的，难以直接体现，且可以通过其他生态系统功能的福利体现。生态福利不仅是生物多样性保护政策作用的直接结果，同时也是非常重要的中介变量。保护政策通过影响农户生态福利获得从而对保护政策效果产生间接影响。

生物多样性的保护政策效果影响及优化是本研究的落脚点。保护政策效果是多维的，包括物种及其栖息地生态保护效果、机构管理能力以及周边社区生计水平。而本研究主要是从社区视角对保护政策效果进行评价。社区是生物多样性保护的重要利益相关者，其对生物多样性保护政策的参与和响应是保护政策效果的重要体现，具体保护政策效果分为生计效果和生态效果两种。生计效果包括社区农户的收入水平、福祉以及贫困状况变化；生态效果包括农户自然资源利用、保护行为。本书围绕保护政策效果评价及影响机理和政策优化展开如下研究。

第一章和第二章是本研究的基础，阐述了研究背景、问题提出和理论基础与研究综述。第三章梳理了以国家公园为主体的自然保护地保护与发展冲突演进及协调的内容。

第四章和第五章对保护政策效果进行评价，这两章为递进关系。第四章从生态福利实现的视角评估保护政策效果。第五章从生态和生计视角进行评价。第六章从生态福利实现的视角分析了保护政策效果的影响机理。第七、第八、第九章对保护政策进行优化，这 3 章为并列关系。第七章从政策反馈视角、第八章从政策交互作用视角、第九章从社区偏好与参与意愿视角。在研究内容上，本研究考虑到多重政策组合作用在研究区域的情况，因而研究不仅局限于对某一政策进行分析，同时还考虑了政策组合的相互作用和影响。具体安排如下：

第一章是绪论，包括研究背景、研究问题的提出、研究目的和意义、主要研究内容与技术路线、研究区域与数据来源以及研究创新。

第二章是理论基础及研究综述，本章的主要内容包括对主要研究概念的界定，对我国现有的生物多样性保护政策进行梳理，包括政策演变历程以及取得的成效，重点分析我国以自然保护区为主的保护政策发展历程，进而分析社区参与生物多样性保护政策现状，梳理了与研究主题相关的理论，构建了保护与福利关系的理论模型。介绍了人与自然耦合系统分析框架，在此基础上，构建了本研究的分析框架，进而对相关研究进行文献综述。

第三章梳理了生物多样性保护与发展冲突的演进及协调机制。建立自然保护地是就地保护生物多样性的最有效的手段之一。本研究梳理了我国自然保护地保护与发展冲突演进历程，进而阐释新时期以国家公园为主体的自然保护地冲突的治理逻辑，在此基础上，总结冲突治理措施成效和经验。提出优化我国以国家公园为主体的自然保护地保护与发展冲突治理的政策建议。

第四章分析了生物多样性保护政策对农户生态福利实现的影响，对农户生态福利实现程度进行测度，将自然保护区和周边社区区域划分为三区，采用匹配估计量分析自然保护区管理政策对农户生态福利实现的影响机理。

第五章对生物多样性保护政策效果进行评价并分析政策的溢出效应。保护政策效果是多维的，分为物种保护效果、机构管理水平以及社区响应效果三种。社区农户是政策的实施客体，其对政策的响应程度是体现政策效果的重要方面，同时社区效果也是保护效果和管理效果的重要体现和影响因素，为此本章从社区视角评价保护政策效果，包括生态效果和生计效果两个方面。采用匹配估计量方法分析建立自然保护区的生计效果和生态效果的综合影响。

第六章分析生物多样性保护政策对农户生态福利实现的影响，主要分析生态福利实现作为保护政策对生态效果和生计效果的影响机制效应。主要采用结构方程模型分析供给功能福利、调节功能福利、文化功能福利、贫困和保护态度之间的关联关系。

第七章以保护政策作用于人与自然耦合系统产生的反馈效应来优化保护政策。具体采用结构方程模型分析社区参与自然保护区管理政策和退耕还林政策，对未来国家公园建设以及新一轮退耕还林政策的影响，同时检验农户生态福利实现的中介效应。

第八章从不同保护政策同时作用于人与自然耦合系统产生的交互效应出发，对保护政策进行优化，以生态旅游和生态移民两大政策为例，分别分析生态旅游和生态移民的生态效果和生计效果以及两大政策同时作用产生的生态效果和生计效果。

第九章从社区偏好视角分析生物多样性保护政策优化方向，通过设置国家公园建设、生态旅游开发、生态岗位提供以及由生态公益林补偿金额和年限组成的保护与发展政策组合，采用选择实验法测度社区对不同保护与发展政策组合的偏好和参与意愿。

第三节　国内外研究综述

一、生物多样性保护与社区生计关系

保护和社区生计的关系研究是一个持续进行的过程，国外从 20 世纪五六十年代就开展相关研究，并在 2000 年以后进入研究高峰期。而国内研究起步较晚，从 20 世纪 90 年代开始陆续有学者关注，最近几年成为研究热点。

保护与社区生计的关系目前已经逐渐明晰，保护区的设置，无疑给周边社区居民带来一定的负面影响（Pour et al.，2017；Clements et al.，2014）。自然保护区建设和周边社区发展的冲突是普遍存在的（Pourcq et al.，2017）。虽然建立自然保护区是自然保护工作的基石，对生态服务功能提升的惠益得到了全世界的广泛认可（TEEB，2010），但是建设成本大部分被地方社区承担（Adams et al.，2007）。自然保护区会增加社区贫困程度（Duan et al.，2017a；Coad et al.，2008），原因在于保护对社区发展产生负面影响，周边社区在保护过程中处于弱势，现有保护政策没有充分考虑周边社区的需求而过多强调自然保护（Wang et al.，2009），如实施退耕还林等生态工程造成社区农户失地严重（宋文飞等，2015），保护区资源利用受到限制（段伟，2016）。也有部分学者认为建立自然保护区对社区贫困不会

产生影响（Miranda et al.，2015；Clements et al.，2014；Canavire et al.，2012）。社区在承担成本的同时也获得了一定的效益，主要有生态补偿、保护区雇佣工作等（马奔等，2016a；Karanth et al.，2012；Mackenzie，2012），另外还有很多间接效益，如改善社区环境、改善基础设施等（Coad et al.，2008）。建立自然保护区对缓解贫困产生正向效应的观点也得到部分学者的认可（Ferraro et al.，2015b；Agrawal，2014；Roe et al.，2013；Andam et al.，2010），这得益于保护主管部门重视社区共管工作，开展生态旅游活动以及一系列发展项目，吸引了更多的社会关注，得到了政府的优惠政策（Bennett et al.，2012）。Adams 等（2004）梳理了生物多样性保护和减贫之间的多重关系和论断：①贫困和保护之间是分开的政策领域，生物多样性保护和减贫是不同的政策问题，应该由不同的部门解决；②贫困是对生物多样性保护的重要制约因素，如果不能实现减贫，生物多样性保护目标将无法实现；③保护目标应该让步于减贫目标的实现，生物多样性保护至少不能增加贫困程度；④减贫依赖于保护资源，贫困社区依赖于生物多样性保护资源实现生计，提高生态系统服务功能，贫困社区的生计可以通过保护活动得到提升。现有的保护或发展政策失败或无法可持续的重要原因是没有充分考虑保护和减贫需求的关系（Sanderson et al.，2003）。

可以发现，现有理论与实证方面的研究在保护与社区生计关系的问题上产生了分歧，因而，从文献计量视角探讨保护与社区生计关系的影响机制至关重要。同时，在分析保护与社区生计关系的影响机制时，需分析保护的生态效果和生计效果是否可以权衡。本研究主要采用自然保护区建设作为保护的代理变量，建立自然保护区的主要目的是保护生物多样性，判断保护的生态效果和生计效果是否可以“双赢”或权衡。如果可以“双赢”，那么实现路径为何？如果权衡，那么如何实现“双赢”？在评估保护政策影响时，鲜有学者同时考虑环境和社会经济的综合影响，大多数学者聚焦于某一方面的影响（Liu，2007）。当前已有学者探索了自然保护地建立的生态和生计效应。Andam 等（2008，2010）对哥斯达黎加自然保护地减少毁林以及减轻贫困方面进行效果分析，发现保护地的建立不仅显著减少毁林同时显著减轻贫困。而 Ferraro 等（2011b）认为保护的生态效果和生计效果是可以权衡的，任何一方的改善都会以另一方的损失作为代价；同时分析了哥斯达黎加自然保护地的建立在保护生态系统和减轻贫困方面的作用，发现自然保护地建立在生态效果和生计效果上存在权衡，自然保护地达到最大的减少毁林效果通常会有最小的减贫效果；认为 Andam 等（2010，2008）研究提出在减贫和减少毁林方面同时产生显著效应，其原因在于研究区域的不匹配。

不难发现，现有的研究大多是认识问题的过程，即认识保护对社区成本收益以及生计的影响，生物多样性保护对社区的负面影响不可避免。如何解决问题是未来需要重点考虑的，即如何通过保护为周边社区提升福利，这是本研究的重点研究内容。

二、生物多样性保护与农户生态福利实现

关于保护和农户生态福利实现的关系，不少国内外学者进行了探索，目前理论与实证分析的结果产生了分歧，理论文章认为保护与农户生态福利实现是负向相关的，而实证分析的论文结果显示保护可能和农户生态福利实现呈正相关的关系，并把保护对农户生态福利实现的贡献归因于保护地周边生态旅游的开展，现有理论与实证分析结果存在分歧的原因在于理论模型并未考虑在保护地开展的生产性活动。大多数理论模型构建排除了保护地上的土地生产性活动（Yergeau et al.，2017）。

建立自然保护地是生物多样性保护应用最广泛的形式。从全球范围看，自然保护地体系建设将迎来快速发展的时期。1950—2018 年，全球自然保护地面积占陆地面积的比例从 2.55%增加到 14.9%（UNEP-WCMC et al.，2018）。然而建立自然保护区限制了自然资源的开发，产生负向社会效果，尤其是给贫困区域带来的负面影响更加不容忽视（Ferraro et al.，2011b；Adams et al.，2004）。自然资源开发通常是最贫困人群的最主要的收入来源。

目前生物多样性保护和农户生态福利实现的研究结果存在分歧，一方面，部分作者认为保护和减贫存在冲突并且不可能同时实现（Adams et al.，2004；Sanderson et al.，2003）。另一方面，实证结果表明在特定条件下，建立自然保护区会导致社区福利增加（Robalino et al.，2015；Ferraro et al.，2011b；Andam et al.，2010；Sims，2010）。当保护的机会成本低于以对土地进行保护为基础的其他可选择利用的收益时，生物多样性保护会增加福利（Ferraro et al.，2011a，2011b；Sims，2010）。

通过保护促进农户生态福利实现是推动农户参与生物多样性保护、响应生物

多样性保护政策的重要举措。现有研究将福利作为农户的一种生活状态，这与福祉的概念存在很多重叠之处。应用最广泛的是从森林可行能力理论出发构建福利评价指标体系（丁琳琳等，2016；刘璞等，2016；上官彩霞等，2016；黎洁等，2012）。农户从生态保护中获得的福利来源于生态系统功能服务，主要包括支持服务、调节服务、供给服务和文化服务，可以保障农户的健康、生计安全以及良好的社会关系（Fedele et al.，2017；MA，2005）。其中，支持和调节服务包括产生并保持土壤、初级生产、可持续水循环、径流控制、防止水土流失，以及储存和循环必备的养分。当地居民通常并不认同这些服务，因为这些收益由区域、国家甚至全球共享，而保护成本更多地由当地社区承担（Balmford et al.，2002）。此外，生态保护对周边社区具有溢出效应，生态改善可以提高保护区周边社区资源采集的收入。生态系统的供给服务通常更容易识别和评估，因为其提供了直接的经济收益。保护区给农户带来的最大的服务收益是让下一代继续享受森林资源。此外，自然保护区内农户资源利用收益是当地社区的重要收益之一（Bajracharya et al.，2006）。生态保护的文化服务难以计量，毁林将会造成与森林相关的文化传统和宗教的损失，然而社区从生态系统中获得的文化服务却是显而易见并且效果很好的，这类收益主要是生态旅游经营收益（李聪等，2017）。McNeely（1994）提出保护区在维持文化同一性、保护传统地理景观以及赋予当地知识方面发挥重要作用。野生药材等非木质林产品在为农户提供经济收益的同时还具有象征和文化意义（Hamilton，2004）。

可以发现建立生态服务功能和农户福祉之间的定量关系仍然存在较大困难。自然保护区生态服务功能从供给功能、调节功能、文化功能和支持功能方面提升了农户福祉，但是这种定量化的关系是难以测度和准确把握的。与此不同，生态系统服务给农户带来的直接福利是显而易见且可以测度的，如供给功能服务，包括农林土特产品、薪柴等；调节功能服务，包括减少自然灾害损失及病虫害损失、获得的生态补偿等；文化功能服务，如参与生态旅游经营收益等。

三、生态保护政策效果与绩效评价

现行的生态保护政策的绩效评价，主要以生态服务价值为基础，采用从生态效益、经济效益和社会效益 3 个维度建立指标体系的评价方法（张智光，2017；

李敏等，2016；邓远建等，2015）。生态保护政策需要更全面地包含政策过程和政策结果的绩效评价方法。国内学者大多从综合评价的视角评价一个政策的好坏，主要研究方法包括主成分分析法、层次分析法、熵权法等（樊胜岳等，2013），对农户的政策满意度、认知、态度、参与积极性等项目进行评价（蔡银莺等，2016）。近年来，国内学者也逐渐开始从计量经济学视角对政策效果进行评价，张寒等（2016）采用倍差法厘清了退耕还林工程对农户生计资本的净效应；丁屹红等（2017）采用双重差分模型（DID）比较分析了退耕还林工程对黄河与长江流域农户福祉的影响；朱兰兰等（2017）采用 DID 研究了农田保护政策实施异质性及影响因素。

国外学者大多从计量实证的视角开展政策评价，采用匹配法（倾向得分匹配和协变量匹配等）、工具变量法、联立方程法对某项具体的政策效果进行评价（Beauchamp et al.，2018；Lan et al.，2017）。对于政策实施的效果，尤其是保护政策，国外学者采用遥感数据进行的客观评价取得了显著的成效，这种做法对政策的评价更加直观科学（Blackman，2013；Sims，2010；Andam et al.，2008）。Blackman（2013）在分析保护政策效果时，提供了一个使用指南，以较低成本的方法、依靠遥感数据支持进行森林保护政策的事后分析，该方法客观地描述了林业保护政策的生态效果。Schouten 等（2012）在对欧洲农村发展政策进行评价时，构建了基于弹性和复杂社会生态系统特点的政策评估框架，并考虑到不可预测的未来，强调适应性管理方法，包括生态状况的变化和社会经济发展的影响。

生态保护政策效果评估已成为当前研究的热点，如何建立科学合理的指标体系至关重要，合理的保护政策评价不仅应该关注政策的生态效果，还应考虑社会效果。生态福利实现既是保护政策的目标，也是政策实施模式优化的重要依据。

四、生物多样性保护政策选择与优化

现有的保护政策在生态系统保护与恢复中取得了显著的成效，而在减贫、提升农户生计以及促进社会经济发展中的作用还需进一步加强，这也是当前保护政策优化的方向，即在保护好生态的基础上进一步发挥其社会和经济效应。为此，学者们从保护政策机制方面进行了很多有益的探讨。

保护区周边社区参与生态旅游经营已经成为一项重要的生计选择，生态旅游的开展也成为一项保护激励，是社区参与生物多样性保护的重要纽带（马奔等，2016a；Karanth et al.，2012；Mackenzie，2012）。保护区发展项目被认为是解决保护与发展冲突、增加社区保护效益的重要举措（Nepal et al.，2011）。保护政策不应该忽略社区参与机制，社区是生物多样性保护的重要参与者和监督者。对世界银行 1993—2007 年综合保护与发展项目进行评估分析时发现，只有 16%的项目在保护和发展目标方面取得比较显著的成果，大部分保护与发展项目失败的原因在于缺乏对复杂的人与自然耦合系统的理解，如没有考虑项目可能产生的负向反馈环、溢出效应、不同政策之间的关联关系（Yang，2018a；刘建国等，2016；Tallis et al.，2008；Ostrom，2007）。

从经济分析的角度看，生物多样性保护是一种具有公益性的社会活动，人类为了生存与发展将对生物多样性保护给予越来越高的重视，但保护区周边社区农户为了生存与发展则更重视直接利益，如果不能从中得到一定的收益，他们对生态保护就不会表现出太大的兴趣（温亚利，2003）。许多案例表明，保护区的存在与持续发展必须得到当地居民的支持和认可（徐建英等，2005；Mehta et al.，2001）。在协调生物多样性保护与减贫政策方面，学者们做了很多有益的探索，张丽荣等（2016）提出替代生计模式、社区共管模式、生态旅游模式、绿色资本驱动模式、绿色考评模式以及生态移民模式。此外，保护区周边生态补偿机制的建立也被认为是解决贫困与自然保护区建设相关问题的有效措施，构建生态补偿机制在我国生态文明建设中发挥越来越重要的作用（王昌海，2017；吴健等，2017）。保护与发展政策优化最终应该实现在生物多样性保护过程中提升农户福祉的目标（Li et al.，2015）。

虽然保护政策优化得到国内外学者的关注，从生态旅游开发、社区参与、发展项目以及生态补偿机制方面提出了优化方向，但是缺少基于典型案例的实际可操作的政策优化方案，大多数研究进行理论探讨，缺少实践可操作性，其实际应用借鉴还需要进一步加强。

五、文献评述

国内外学者在保护与发展政策领域开展了丰富的定性和定量研究，其研究过程、研究方法以及研究思路为本研究提供了坚实的支撑。然而还存在以下不足和未深入探索的内容：第一，关于保护对社区发展影响的认识不够深入。国内外保护对社区贫困、成本收益影响的实证分析，缺乏从生态效果和社会效果的多维视角考虑保护对社区产生的综合影响，同时也缺乏对社区进行跨时期的追踪调查，从而无法测度保护对社区发展影响的变化趋势。第二，保护政策衰减和变化趋势并未得到深入研究。保护政策在不同保护区域的实施效果如何，是否存在政策效果衰减，对于这些问题并未深入探讨。第三，现有的研究大多关注单一保护政策产生的影响，如保护政策对建立自然保护区，进行退耕还林、天然林保护以及生态公益林保护的影响，而某一区域内，保护政策之间不是独立的，是相关的，因此需要综合考虑保护政策产生的影响。第四，大量的研究关注了农户的保护成本，即关注了保护对社区的负面影响，并将保护与农户的关系简化为收入、保护认知等单一的关系，缺乏从生态福利综合概念的视角进行研究并提升到保护政策层面加以分析的意识。

现有研究也和不同时期自然保护的目标息息相关。在保护初期，生物多样性保护以建立自然保护区为主，保护目标是对重要物种和栖息地进行抢救式保护。《中华人民共和国自然保护区条例》规定禁止在自然保护区内进行砍伐、放牧、狩猎、捕捞、采药、开垦、烧荒、开矿、采石、挖沙等活动。社区被视为生物多样性保护的主要威胁。因而保护与发展的研究集中于如何减轻社区发展对保护的威胁，研究也基本以定性为主，政策效果的研究往往侧重于生物多样性保护效果，包括种群数量、栖息地质量等。抢救式保护取得了一定的成效，但如果想要实现保护的可持续，就需要减轻社区对资源的依赖。因而研究应关注社区自然资源依赖的测度、影响与减轻社区资源依赖的措施等相关方面。随着保护进一步深入，保护工作相关者逐渐意识到社区参与在保护中的作用，研究开始关注如何减少保护对社区发展的限制，如减轻对农林业生产、收入、贫困等的影响。而在上述生物多样性保护进程中，建立自然保护区的目标是生物多样性保护，并未包含社区发展。因而在生物多样性保护政策效果评价中往往关注生态效果，而社区发展效果并未得到政策效果评价关注。新时期，随着《生态扶贫工作方案》的提出，需要充分发挥生态保护在精准扶贫和精准脱贫中的作用。《大熊猫国家公园体制试点实施方案（2017—2020 年）》将建立当地居民参与生态保护的利益协调机制和推动与周边区域良性互动发展作为具体目标之一。因而新时期保护政策的目标更加注重生态和生计的协调，对政策的评价和优化需要从生态和生计协调方面统筹考虑。

总的来说，保护与发展协调领域在理论分析和实证研究上有系统的研究积累，将农户生态福利作为重要的政策分析手段和视角在国内外相关研究中刚刚兴起。国际上的学者越来越关注从微观视角系统分析基于农户生态福利的政策响应和关联机制，以及政策优化实现路径。因此，从农户在保护过程中生态福利实现的视角，保护政策之间的关联、政策效果影响及优化的研究是当前国际和国内关注的热点和难点之一。

第四节 自然保护地建立的生态和生计效果的文献计量分析

建立自然保护地是生物多样性保护最有效的形式之一，其在物种和栖息地保护中的作用得到广泛认同。自然保护地通常建立在偏远的农村地区，尤其在发展中国家，自然保护地的建立限制了区内及周边社区对自然资源的利用，并限制了区域基础设施建设和资源利用。但保护地的建立也为生态旅游的开展带来了得天独厚的条件，同时为周边社区提供了生态岗位、生态补偿，以及非政府组织的扶持。因而，自然保护地建立产生的社会效果是具有争议的，其产生的生态效果虽然得到广泛认同，但也并不都是成功的案例。同时社会和生态效果是否能“双赢”，抑或存在权衡，即是否可以同时实现生物多样性的有效保护和提升周边社区生计及区域的经济发展，抑或实现生物多样性保护同时伴随着对周边社区生计或区域发展的负向影响，尚需讨论。为此，本研究对现有发表于国际期刊上关于自然保护地建立政策影响评价的定量分析论文进行计量分析，以期通过已有实证分析结果探寻自然保护地建立政策影响评价的发表特征、研究方法、影响机制以及影响结果，进而为本研究提供参考和借鉴。

具体地，本研究通过数据库检索关键词，保护的关键词包括“Conservation（保护）”“Protected areas（保护地）”“National park（国家公园）”“Nature reserve（自然保护区）”，社会影响的关键词包括“Livelihood（生计）”“Poverty（贫困）”“Income（收入）”“Economic（经济）”，生态影响的关键词包括“Forest cover（森林覆盖）”“Biodiversity（生物多样性）”“Species（物种）”。选择自然保护地政策效果定量分析的论文作为文献计量的依据。检索步骤为选择一个保护的关键词加上一个社会或生态影响的关键词，分别进行检索。选择文献的依据：①研究方法为定量研究；②论文须发表于有严格审稿流程的国际期刊上。自然保护地的影响评价文献计量表头内容包括作者信息、发表特征、研究区域特征、自然保护地特征、样本量、数据类型、研究对象、研究方法、研究起止年份、研究结果特征、生态效果变量及社会效果变量、影响机制特征等。在此基础上，对整理出的文献进行录入和整理，通过已发表的自然保护地建立政策效果评价文献，梳理出政策效果现状、影响机制以及政策优化方向。最终共搜集 31 篇符合要求的、与主题密切相关的论文（文献目录如附录 A 所示）。按照表头的设计对文献研究结果进行整理录入，共整理出 629 个样本，即共有 629 条对自然保护地政策效果评价的研究结果记录。文献梳理的主要结果如下。

一、文献的主要发表特征

从发表期刊的来源及影响力看，本研究检索的论文均发表于国际主流期刊上，包括《美国科学院院报》等综合性期刊，以及《生物保护》等生态学主流期刊和《世界发展》《环境经济与管理学报》《生态经济学》等经济学主流期刊。期刊在 2018 年的平均影响因子为 5.35，所选取的文章均来源于高水平高影响因子的期刊。同时借助于 Google Scholar（谷歌学术搜索），对每篇文章的被引用量进行统计，结果显示，截至 2019 年 7 月，每篇文章的年均被引用量[计算方式为引用量/(2020-发表时间)] 为 9.6，表明所选论文具有较高的影响力。

从发表时间看，虽然自然保护地保护生计和生态效果影响的研究从 20 世纪 50 年代就已开始（Evanko et al.，1955；Machura，1954），然而大多数研究定性讨论自然保护地建立的影响，定量研究从 2000 年才开始陆续展开，而符合本研究检索标准的研究大多数集中在 2010 年及以后，总体上相关研究篇数呈不断增加的趋势，2015 年发表篇数最多。

二、自然保护地建立影响评价实证结果分析

在生计和生态效果评价及指标选取上，在所选取的自然保护地建立政策效果影响的文献中，评价其产生的社会效果的文献有 15 篇，占 48.4%，评价其产生的生态效果的文献有 10 篇，占 32.3%，同时对其产生的社会和生态效果进行综合评

价的文献有 6 篇，占 19.3%。可以看出现有研究大多关注自然保护地建立的生态或社会效果单一方面的政策影响，较少从生态和社会协调的角度对自然保护地建立的影响进行评估。所以，未来研究需要从生态和社会视角对自然保护地建立的影响进行评估。这有助于改进在政策设计过程中对单方面效果的重视，而忽视另一方面的效果。同时，这也体现出在自然保护地建立政策效果评估研究中跨学科合作的重要性，经济学者和生态学者的合作可以更加全面地反映保护地建立的影响。

对 31 篇文献的数据来源、研究方法、研究结果等项目进行整理并对设计指标进行定量分析，共产生 629 个自然保护地建立影响评价的案例，其中有 369 个案例是对社会影响进行评价的，占案例总数的 58.7%，有 260 个案例是对生态影响进行评价的，占案例总数的 41.3%。在选择社会经济或生态相关的评价指标时，应遵循以下原则：①指标全部转换为正向指标；②对于无法说明体现保护的正向或负向效果的指标，给予舍弃，如人口数量、人口增长等指标。对社会效果进行评价的指标较多，包括减贫、人均收入、福祉、消费水平、减少不平等、作物收成、福利、就业、劳动力、市场便捷度等。而对生态效果评价的指标包括森林覆盖（包括减少毁林、增加森林增长量）、生物多样性、增加碳汇、减少林地破碎化等。

对评价结果的显著性及差异性进行分析，对自然保护地政策效果评价结果案例进行梳理，结果如表 2-3 所示。总地来看，有 450 个自然保护地建立产生正向效果的案例，占案例总数的 72%，其中有 336 个（75%）案例的正向结果是显著的；负向案例有 179 个，占案例总数的 28%，其中 41%的案例的负向结果是显著的。在对自然保护地的社会影响评价研究中，59%的评价结果为正面的，即自然保护地的建立产生了正向的社会效果，41%的评价结果为负面的。在正向社会效果评价结果中，65%的结果是显著的，而 35%的结果不显著；在负向社会效果评价结果中，42%的结果是显著的，58%的结果不显著。在对自然保护地建立的生态影响评价研究中，90%的评价结果为正面的，即自然保护地建立产生了正向的生态效果，10%的评价结果为负面的。在正向生态效果评价结果中，83%的正向结果是显著的，只有 17%的结果不显著；在负向生态效果评价结果中，37%的结果是显著的，63%的结果不显著。可以看出，自然保护地的建立总体上产生了积极的效果，尤其是生态效果，在实证研究中得到广泛的证实。在社会效果方面，虽然总体上正面的案例多于负面的，但仍然存在很多显著负面的实证结果。

表 2-3 自然保护地保护效果评价研究结果的描述性统计

指标名称	正向			负向			指标总计
	显著	不显著	正向总计	显著	不显著	负向总计	
社会指标							
减贫	70（42）	27（16）	97（58）	22（13）	47（28）	69（42）	166（45）
人均收入	27（40）	14（21）	41（61）	10（15）	16（24）	26（39）	67（18）
福祉	3（33）	1（11）	4（44）	4（44）	1（11）	5（56）	9（3）
消费水平	10（40）	9（36）	19（76）	0（0）	6（24）	6（24）	25（7）
减少不平等	0（0）	3（25）	3（25）	2（17）	7（58）	9（75）	12（3）
作物收成	4（33）	7（58）	11（92）	0（0）	1（8）	1（8）	12（3）
福利	0（0）	4（33）	4（33）	4（33）	4（33）	8（67）	12（3）
就业	14（42）	5（15）	19（58）	11（33）	3（9）	14（42）	33（9）
劳动力	13（41）	5（16）	18（56）	11（34）	3（9）	14（44）	32（9）
市场便捷度	1（100）	0（0）	1（100）	0（0）	0（0）	0（0）	1（0）
社会指标总计	142（38）	75（20）	217（59）	64（17）	88（24）	152（41）	369（59）
生态指标							
森林覆盖	172（74）	35（15）	207（89）	9（4）	16（7）	25（11）	232（89）
生物多样性	1（100）	0（0）	1（100）	0（0）	0（0）	0（0）	1（0）
增加碳汇	10（67）	3（20）	13（87）	1（7）	1（7）	2（13）	15（6）
减少林地破碎	11（92）	1（8）	12（100）	0（0）	0（0）	0（0）	12（5）
生态指标总计	194（75）	39（15）	233（90）	10（4）	17（7）	27（10）	260（41）
显著性总计	336（53）	114（18）	450（72）	74（12）	105（17）	179（28）	629

注：括号内为百分比，单位为%。

在自然保护地政策社会效果和生态效果评价指标选取方面，如图 2-5 和图 2-6 所示，评价社会效果的指标较多，使用减贫指标的案例最多，占总案例数的 45%，其次是人均收入、就业和劳动力指标，分别约占总案例数的 18%、9%和 9%。评价生态效果的指标较为集中，主要通过森林覆盖的变化指标进行评价，约占总案例数的 89%，其次分别是增加碳汇和减少林地破碎化，分别约占总案例数的 6%和 5%。

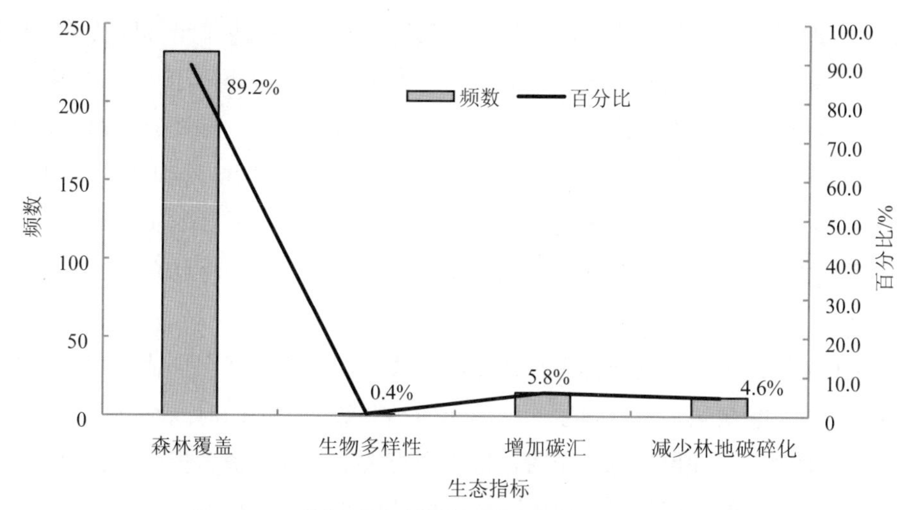

图 2-5 自然保护地政策效果生态指标的选择及分布

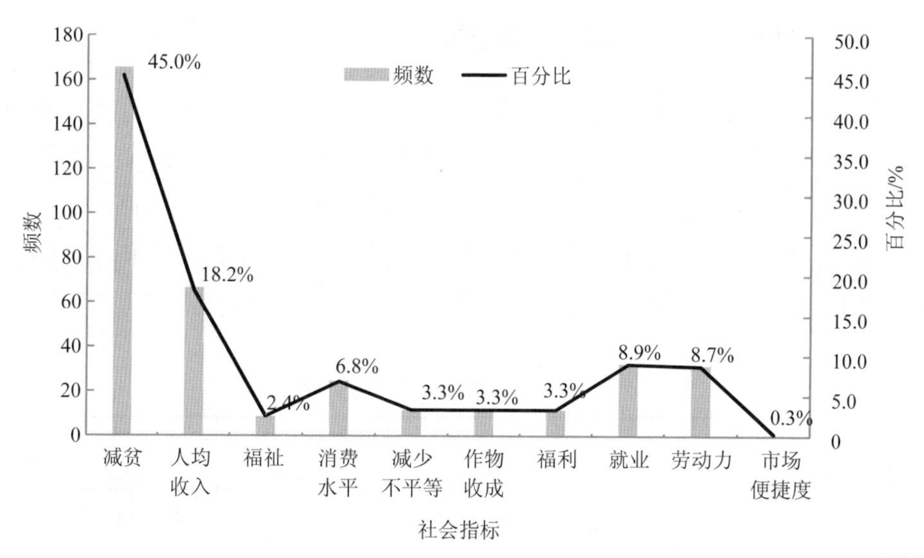

图 2-6 自然保护地政策效果社会指标的选择及分布

采用不同的评价指标得出的评价结果也不一样。如表 2-3 所示，在社会影响指标评价中，正向显著的社会效应影响实证案例最多，达到 38%，其次是负向不显著的案例，达到 24%，接着是正向不显著和负向显著的案例，分别达到 20%和 17%。具体来说，自然保护地的建立在减贫、提高人均收入、提高消费水平、就业、劳动力以及市场便捷度上，正向显著的案例均为最高，表明自然保护地建立对这些方面都产生了积极正向的效果；而在提升福祉、减少不平等以及增加福利方面，实证结果的负面案例多于正面案例，表明自然保护地的建立在这些指标上产生了负向的影响。在生态影响指标评价中，正向显著的生态效应影响实证案例最多，占正向案例总计的75%，正向影响占90%，表明自然保护地建立的正向生态影响得到广泛认同。具体来说，在各生态指标上，正向显著的实证案例比例均为最高，尤其在保护生物多样性以及减少林地破碎化上，均超过90%。而负向显著的实证案例比例均低于10%。

综上可知，由现有的自然保护地影响评价案例表明自然保护地的建立产生了积极的正向生态效果，并取得了一定的正向社会效果，但同时也存在很多负面社会效果的案例。在评价生态效果时，现有研究大多从森林覆盖指标上进行评价，而评价社会影响的指标较多，其中主要指标是减贫、人均收入。

三、自然保护地效果影响机制分析

文献计量主要变量的描述性统计如表2-4所示。从结果特征看，自然保护地建立的政策影响评估结果大多是正向的、显著的，53%的结果是正向显著的，只有11.9%的结果是负向显著的。社会结果特征和生态结果特征在1%显著性水平上存在显著差异，生态结果的正向结果、显著结果均显著大于社会结果，在负向显著结果上，生态结果案例显著小于社会结果。

表2-4 主要变量的描述性统计

变量	解释	所有（n=629）		社会结果（n=369）		生态结果（n=260）		显著性
		均值	标准差	均值	标准差	均值	标准差	
结果特征								
影响方向	1=正向；0=负向	0.715	0.452	0.588	0.493	0.896	0.306	0.000
显著性	1=显著；0=不显著	0.652	0.477	0.558	0.497	0.785	0.412	0.000
正向显著	1=是；0=否	0.534	0.499	0.385	0.487	0.746	0.436	0.000
负向显著	1=是；0=否	0.119	0.324	0.176	0.381	0.038	0.193	0.000
发表特征								
多年平均被引用量	次	11.47	8.46	11.68	10.3	11.174	4.726	0.462

变量	解释	所有（n=629）		社会结果（n=369）		生态结果（n=260）		显著性
		均值	标准差	均值	标准差	均值	标准差	
2018 年期刊影响因子		5.404	2.747	4.991	2.319	5.989	3.173	0.000
总被引用量	次	70.4	81.8	78.4	101.7	58.9	36.3	0.000
研究数据								
数据类型	1=面板；0=其他	0.558	0.497	0.366	0.482	0.831	0.376	0.000
研究区域经济水平	1=低；2=中低；3=中高；4=高	2.905	1.2	2.829	0.834	3.012	0.378	0.001
研究区域位置	1=亚洲；2=非洲；3=北美洲；4=南美洲；5=南极洲；6=欧洲；7=大洋洲	2.995	1.2	2.827	1.274	3.235	1.045	0.000
截至年份	年	2005	5.828	2006	6.166	2003	4.55	0.000
样本量	个	38 550	74 287	15 401	18 074	71 405	105 213	0.000
自然保护区	1=研究对象为自然保护区；0=其他	0.078	0.268	0.089	0.286	0.062	0.241	0.199
国家公园	1=研究对象为国家公园；0=其他	0.194	0.396	0.157	0.364	0.246	0.432	0.005
样本单元	1=农户；2=地块；3=保护地	1.887	0.46	1.789	0.565	2.027	0.162	0.000

在发表特征上，所选取的文献具有很高的影响力，来源期刊 2018 年的影响因子（来源于《期刊引证报告》）达 5.4，平均每篇文章每年被引用量为 11 次，平均总被引用量为 70 次。对社会效应进行研究的案例整体发表的期刊影响因子显著低于对生态效应进行研究发表的期刊，但是对社会效应进行研究的相关论文总被引用量显著多于对生态效应进行研究的相关论文，在多年平均被引用量上不存在显著差异。

在研究数据来源上，55.8%的案例采用了面板数据，研究区域的经济水平以中低和中高收入为主。在研究区域上，有 23%的案例在亚洲，4%的案例在非洲，24%的案例在北美洲，49%的案例在南美洲，其他洲则在本文献归纳中没有涉及。研究截至时间大多在 2000 年以后，平均样本量达到 38 550 个。7.8%的案例研究对象是自然保护区，19.4%的案例研究对象是国家公园。在研究单元上，有 16.8%的研究以农户为研究单元，77.58%的研究以地块为研究单元，5.56%的研究以自然保护地作为研究单元。社会效果和生态效果的相关案例研究在数据使用上存在显著性差异，对生态效果进行评价的相关研究大多采用面板数据，而对社会效果进行评价的研究大多采用截面数据。在样本量上，生态效果评估的相关研究也显著多于社会效果研究。在研究单元上，大多数生态效果的相关研究以地块为主，而大多数对社会效应进行评估的研究以农户为主。

自然保护地建立如何才能实现正向显著的效果是当前迫切需要解决的现实问题，为此，本部分整理已发表的文献，采用 Logit 模型（评定模型）从研究数据、区域、方法、保护机制及指标选取视角，探讨当前自然保护地建立实施效果研究的影响因素（表 2-5）。

表 2-5 自然保护地建立效果评价正向显著的影响因素分析

变量	解释	所有样本 系数（标准误）	社会指标 系数（标准误）	生态指标 系数（标准误）
数据类型	1=面板；0=其他	2.762^{***} （0.590）	2.309^{**} （1.033）	0.350 （0.947）
研究区域经济水平	1=低；2=中低；3=中高；4=高	1.317^{***} （0.240）	1.150^{***} （0.317）	1.367^{*} （0.725）
研究区域位置（以亚洲为基准组）	非洲	−0.198 （0.794）	0.222 （1.096）	−1.340 （1.657）
	北美洲	-1.546^{***} （0.411）	0.019 （1.234）	−0.737 （0.653）
	南美洲	1.400^{***} （0.454）	1.628^{**} （0.816）	1.405^{*} （0.766）
研究截至年份	年	$-0.0\ 759^{**}$ （0.036）	-0.118^{*} （0.069）	−0.006 （0.055）
样本量	个	0.000 （0.000）	$-4.33\times10^{-5***}$ （0.000）	−0.000 （0.000）
自然保护区	1=自然保护区；0=其他	−0.371 （0.499）	0.485 （0.867）	0.268 （0.960）
国家公园	1=国家公园；0=其他	-0.712^{*} （0.395）	0.445 （0.617）	-1.811^{**} （0.853）
样本单元（以农户单元为基准组）	地块	-1.960^{***} （0.570）	-1.381^{*} （0.789）	
	保护地	0.417 （0.886）	0.624 （1.315）	−0.438 （1.637）
匹配	1=匹配；0=其他	-1.034^{*} （0.582）	−0.359 （0.825）	-2.934^{**} （1.382）

变量	解释	所有样本 系数（标准误）	社会指标 系数（标准误）	生态指标 系数（标准误）
OLS（普通最小二乘法）	1=OLS；0=其他	0.345 （0.595）	0.652 （0.782）	−0.234 （1.293）
面板回归	1=面板；0=其他	0.009 （0.692）		−0.109 （1.402）
生态旅游	1=考虑生态旅游；0=其他	1.694*** （0.286）	2.033*** （0.415）	−0.896 （0.781）
生态补偿	1=考虑生态补偿；0=其他	0.212 （0.563）	−0.652 （0.736）	
指标选取	1=社会；0=生态	−1.666*** （0.400）		
常量		149.4** （72.9）	231.2* （138.1）	10.6 （110.8）

注：“***”代表 $P<0.001$；“**”代表 $P<0.01$；“*”代表 $P<0.05$。下同。

回归结果表明相比于截面数据，采用面板数据更能得到正向显著的政策效果。面板数据相比截面数据得到的处理结果更加稳健可靠，能够解决部分内生性问题。该研究结果进一步说明，当前自然保护地建立总体产生正向的结果；在研究区域经济发展水平上，相比经济发展水平低的地区，经济发展水平高的地区自然保护地建立的正向效果更显著；相比于亚洲地区，南美洲的保护地建立更能达到正向显著水平。随着研究截至时间的增长，自然保护地建立产生正向显著效果的概率越低，体现出在发展中国家保护与发展的矛盾冲突越大。国家公园相比于其他保护地类型，产生正向显著效果的概率更低。在研究单元上，相比于以农户为研究单位，以地块或区域为研究单位产生正向显著结果的概率更低，体现出社区与自然保护地的生计冲突在减弱，而在宏观层面，区域发展和保护的冲突在加强。

在研究方法上，采用匹配的研究方法相比于其他方法更不能得到正向显著的研究结论，说明 OLS 等回归分析方法会夸大正向显著性结论。与开展生态旅游的自然保护地相比于其他保护地更能产生正向显著政策效果，尤其在社会效果上。在指标选取上，以社会指标作为评价结果的案例相比于以生态指标作为评价结果的案例更不能得到正向显著的研究结果，体现出当前自然保护地建设的正向效果主要体现在生态效果上，而在社会效果上还存在提升空间。

发表高影响因子期刊，提高文章的被引用次数是当前学术论文发表的重要指标和方向。由于发表高影响因子期刊和文章被引用次数存在相关或因果关系，采用似不相关回归进行联合估计可以提高估计效率，结果如表 2-6 所示，主要结论如下。

表 2-6 发表期刊影响因子和文章平均被引用次数的影响因素

		Y1（期刊影响因子）		Y2（平均被引用量）	
		系数	标准误	系数	标准误
结果特征					
影响方向	1=正向；0=负向	0.089	0.095	−0.393	0.551
显著性	1=显著；0=不显著	0.228^{**}	0.090	0.470	0.520
研究数据					
数据类型	1=面板数据；0=其他	3.940^{***}	0.184	6.201^{***}	1.070
研究区域经济水平	1=低收入；2=中低收入；3=中高收入；4=高收入	-0.458^{***}	0.081	1.460^{***}	0.470
研究区域位置（以亚洲作为基准组）	非洲	3.052^{***}	0.269	3.481^{**}	1.558
	北美洲	2.699^{***}	0.159	0.101	0.923
	南美洲	-1.232^{***}	0.158	2.926^{***}	0.919
研究截至年份	年	−0.001	0.012	-0.743^{***}	0.067
样本量	个	$3.32\times10^{-6\,***}$	0.000	$2.71\times10^{-5\,***}$	0.000
自然保护区	1=自然保护区；0=其他	-0.503^{***}	0.186	4.967^{***}	1.076
国家公园	1=国家公园；0=其他	-0.738^{***}	0.127	2.262^{***}	0.734
样本单元（以农户为基准组）	地块	0.684^{***}	0.190	−0.353	1.101
	保护地	3.805^{***}	0.301	9.196^{***}	1.742
研究方法					
匹配	1=匹配；0=其他	3.073^{***}	0.188	1.792^{*}	1.088
OLS	1=OLS；0=其他	0.782^{***}	0.175	−1.281	1.014
面板回归	1=面板回归；0=其他	-2.801^{***}	0.216	-5.182^{***}	1.252
保护机制					
生态旅游	1=考虑生态旅游作用机制；0=其他	-0.893^{***}	0.104	4.941^{***}	0.601
生态补偿	1=考虑生态补偿作用机制；0=其他	0.646^{***}	0.218	-4.572^{***}	1.265
社会指标					
减贫	1=是；0=否	-0.216^{*}	0.123	1.282^{*}	0.712
人均收入	1=是；0=否	-0.441^{**}	0.171	-4.684^{***}	0.993
生态指标					
森林覆盖	1=是；0=否	-1.895^{***}	0.149	-6.955^{***}	0.862
碳汇	1=是；0=否	0.307	0.293	−1.601	1.700
常数		5.012	23.3	$1\,492^{***}$	135.0

①文章结果显著性、研究数据、研究方法、保护机制探讨以及评价指标选取都对发表高影响因子期刊产生显著影响。研究结果显著、使用面板数据、研究经济水平低的区域和非洲及北美洲区域、大样本、以地块或保护地作为研究单元以及采用匹配研究方法都能显著提高发表高影响因子期刊概率。由于社会科学类期刊的影响因子显著低于自然科学类，关注生态旅游的影响机制问题、采用面板回归等计量经济学方法以及关注减贫、收入等问题的研究通常发表于社会科学类期刊上，其影响因子显著较低。

②对文章平均被引用量的影响因素进行分析得出，影响结果的正负性以及显著性都未显示出显著影响结果，而采用面板数据，关注非洲、南美洲区域保护效果，增加样本量，对自然保护区和国家公园的保护效果评估，采用匹配研究方法，关注生态旅游的影响机制以及减贫效应都能显著增加文章的被引用次数。

四、结论与建议

通过对自然保护地建立政策效果评估的 31 篇文献进行梳理，共收集 629 条自然保护地生态和社会效果评价记录，采用描述性统计、Logit 模型以及似不相关回归分析具体研究特征对发表结果的影响。回归结果表明，自然保护地建立效果在实证研究中受具体研究特征的影响。研究结果的正向显著性受研究数据类型、研究区域、研究时间、研究对象、研究方法以及评价指标选取等因素的影响。发表高影响因子期刊受研究结果显著性、研究数据、研究方法、研究区域、研究对象、保护机制探讨以及研究指标选取等因素的影响。采用面板数据、关注低收入研究区域（如非洲的保护地建立影响）使用匹配研究方法、增加样本量、以自然保护地作为研究单位、探讨生态补偿的影响机制都可以显著增加发表高影响因子期刊的概率。文章的平均被引用次数受数据类型、研究区域、研究对象、研究方法、保护机制以及评价指标选取等因素的影响。采用面板数据，关注非洲、南美洲保护地建立的影响，增加样本量，研究自然保护区或国家公园类型保护地的具体问题，以保护地作为研究单位，采用匹配研究方法，关注生态旅游的影响机制，评估自然保护地建立对减贫的影响都能显著增加文章的被引用次数。

在未来自然保护地建立政策影响评估的相关研究中，在研究数据上，应该尽量收集面板数据，提高研究结果稳健性，同时可以捕捉到政策影响的动态变化。

在研究方法上，应该采用匹配、PSM-DID（倾向得分匹配-双重差分）等计量方法，在有效降低内生性问题的基础上，增加研究结果的可信度。在对自然保护地建立的生态影响进行评估时，需要从多视角进行评估，包括碳汇、物种多样性、栖息地质量、林地破碎化等视角提高文章被引用以及发表高影响因子期刊的概率。在研究对象上，以自然保护地为研究单元。在对自然保护地建立影响进行评估时，可以多关注生态旅游、生态补偿等保护机制的中介效应以提高论文影响力和发表概率。此外，可以看出，当前具有显著性的结果更容易发表在高影响因子的期刊上，且具有显著性的结果数量明显多于不显著的结果，尤其是正向显著的结果，说明正向显著的结果更可能被发表，相关研究可能存在发表偏倚的问题。现有关于自然保护地建立效果评价的实证分析大多聚焦生态效果或社会效果的单一维度。虽然已有研究从多方法比较、大样本以及多指标等角度做了尝试，但缺乏将生态效果和社会效果相结合进行综合评价并分析两者效果之间的关联关系，尤其是在社区层面，大多数研究关注社会效果，如减贫、收入、福祉等，忽略了社区作为重要的保护参与者和政策作用对象的作用，自然保护地建立对社区保护参与行为的影响是保护政策效果的重要体现。因而未来在研究自然保护地建立的政策效果评估时应该从生态效果和社会效果层面进行协同评估，在对社区生计效果进行评估时不能忽略生态效果。

第三章　生物多样性保护与发展冲突：现实演进及协调路径

第一节　引　言

我国是生物多样性保护大国，也是最大的发展中国家，生物多样性保护与社会经济发展之间的矛盾冲突一直存在且不断演进。自然保护地是就地保护生物多样性最有效的手段之一，自然保护地建设和社会经济发展的冲突是生物多样性保护与发展冲突的典型表现形式，截至 2019 年，我国各类自然保护地总数量已达 1.18 万个，其面积约占国土面积的 18%（国家林业和草原局，2019）。自然保护地体系涵盖了自然保护区、风景名胜区、森林公园、地质公园、自然文化遗产、湿地公园、水产种质资源保护区、海洋特别保护区、特别保护海岛等类型（高吉喜等，2019）。然而，大多数自然保护地位于经济欠发达地区，保护与地区经济发展存在冲突。

从国内外现有研究看，保护与发展协调理论和实证研究是国内外学术研究热点。自然保护地建立对社区发展的负面影响有很多实证支撑（Pourcq et al.，2017；Duan et al.，2017b），原因在于保护地内资源利用受到限制，包括薪柴采集、放牧、木材采伐（Song et al.，2021）。此外，野生动物肇事损失成为社区生物多样性保护的主要直接成本，是保护与社区发展的矛盾焦点（刘金龙等，2020）。随着生态旅游、生态补偿、生态岗位等措施的实施，生态保护对社区发展的正向效应也得到学者的认可（Andam et al.，2010；任林静等，2020）。由于非农就业机会的增加，社区对自然资源的依赖不断减少。然而，以传统资源利用为主的县域经济发展对自然资源和基础设施建设的需求不断增加，保护与区域发展的冲突凸显（Ma et al.，2018）。随着县域产业升级，服务业比重不断上升，对生态系统的调节功能以及文化功能的需求也在增加，保护与发展逐渐走向协调阶段（温亚利等，2019）。保护与发展冲突的原因在于自然保护的成本和收益分配不均，保护的收益分配范围是整个国家乃至全球，而保护成本大多由区域承担（Schley et al.，2008）。在自然保护地建立成本中，98.3%的成本为保护产生的机会成本，即为了保护而牺牲的经济发展机会，且经济落后地区承担了我国自然保护的主要成本，因而中央财政需要适当倾斜（杨喆等，2019）。

在新的时期，建立以国家公园为主体的自然保护地体系成为我国新时代生态保护的重要战略之一（王毅等，2019）。2020 年我国全面完成国家公园试点任务，正式设立一批国家公园。然而，国家公园试点区内保护与发展的冲突较大，试点区内大多数居民生产生活依赖当地自然资源的传统利用，在保护生态的同时妥善安置原住居民，改善其生活水平，是建设国家公园面临的巨大挑战（臧振华等，2020）。此外在保护生态的同时，推进试点内不符合保护和规划要求的各类设施、工矿企业退出试点区也面临较大资金缺口，实现国家公园内产业绿色转型、经济高质量发展任重道远（李博炎等，2021）。未来，以国家公园为主体的自然保护地面积和数量将不断增加，实现自然保护地保护与发展协调至关重要。基于此，本章以自然保护地建设和社会经济发展的冲突为例，梳理了我国自然保护地保护与发展冲突的演进历程，阐释冲突治理逻辑，总结治理措施经验，进而提出新时期保护与发展冲突协调路径，以期在我国国家公园及新的保护地体系构建过程中为保护与发展冲突治理提供经验借鉴。

第二节 自然保护地保护与发展冲突治理演进历程

我国自 1956 年建立第一个自然保护区以来，自然保护地的发展经历了从无到有、从小范围到大面积、从单一类型到多种类型、从陆地到海洋的不断发展，有效地保护了我国重要的自然生态系统、生物物种、自然遗迹和自然景观（国家林业和草原局，2019）。在此过程中，自然保护地保护与发展冲突不断演进，对该冲突演变规律的认知有助于推动未来以国家公园为主体的自然保护地体系的建设，实现保护与发展协调。新时期我国自然保护地类型包括自然保护区、国家公园和自然公园，考虑到森林公园、地质公园、海洋公园、湿地公园等自然公园的建立和区域发展冲突较小，如森林公园的建立有效带动了区域经济增长（赵敏燕等，2016），因此，本研究主要探讨自然保护区和国家公园在建立过程中与区域发展的冲突以及治理。根据我国自然保护地的保护与发展冲突演进历程，两者的冲突阶段大致可以划分为 4 个阶段，如表 3-1 所示。

表 3-1 自然保护地保护与发展冲突阶段的特征

冲突阶段	自然保护地特征	冲突特征	冲突程度	治理措施
1956—1978 年	建立探索	局部尖锐，整体不突出	社区（+） 区域（+）	缺乏
1979—2000 年	快速发展	不断加剧	社区（+++） 区域（++）	社区共管
2001—2017 年	成熟稳定	社区层面减弱，区域层面加强	社区（++） 区域（+++）	生态旅游、生态补偿、生态移民等
2018 年至今	发展繁荣	短期冲突加强，长期走向协调	社区（+） 区域（++）	生态产品价值实现

注：保护与发展冲突程度的重要性程度+++为非常严重、++为严重、+为较严重。

第一阶段是 1956—1978 年，该阶段是我国自然保护地建立探索阶段，也是保护与发展冲突生成阶段，保护与发展冲突的特征为局部地区尖锐、整体并不突出。在此时期，自然保护地类型较为单一，主要是自然保护区，其面积和数量缓慢增长。到 1978 年年底，我国仅建立自然保护区 34 处（国家环境保护总局，2000）。由于保护面积有限，从全国来看，保护与发展矛盾并不是特别突出，在局部区域存在社区资源利用和保护之间的矛盾。由于国内以农业生产为主，保护区周边社区对自然资源的依赖很大，大部分能源和食物来自对自然资源的采集，包括对中草药、山野菜和薪柴的采集。自然保护区建立后，相关部门对区内自然资源利用进行了严格限制，进而与社区产生冲突。此外，保护机构管理能力有限，缺乏针对社区共管、生计转型等措施的配套发展规划，因此未能有效解决冲突。

第二阶段是 1979—2000 年，该阶段是自然保护地快速发展的阶段，自然保护地保护类型和数量在不断增加，自然保护地发展取得了一系列成就。首先，保护区的数量和面积得到快速增加，从 1977 年的 34 处增加到 1999 年年底的 1 146 处，保护区面积占国土总面积的 8.8%（国家环境保护总局，2000）。其次，风景名胜区、森林公园等不同类型的自然保护地逐渐建立，基本建立了自然保护地分级分类分区管理体系。此外，相关法律制度体系更加完善，1988 年颁布《中华人民共和国野生动物保护法》，1994 年发布《自然保护区条例》。需要注意的是，这一时期保护与社区发展冲突加剧，生态保护不仅限制社区发展，同时周边社区生产生活也对生态保护造成负面影响。我国在此阶段步入改革开放阶段，农业市场化程度不断提高，自然资源的价值不断凸显。采集、放牧、林木采伐成为自然保护地周边社区获取收入的重要渠道，社区生计发展对自然保护地资源保护形成威胁。随着保护法律制度的完善，自然保护地内资源利用被严格限制。《中华人民共和国自然保护区条例》规定“禁止在自然保护区内进行砍伐、放牧、狩猎、捕捞、采药、开垦、烧荒、开矿、采石、挖沙等活动”。然而，保护地内土地权属复杂，有相当一部分资源为集体资源，尤其是林地资源，保护也限制了社区对集体资源的利用，因而冲突较为严峻。自然保护地管理机构在协调保护与社区发展方面缺乏经验和资金投入，保护与社区发展产生较大冲突。该时期自然保护地开始引进国外管理经验，通过开展国际合作引入社区共管等项目，一定程度上减缓了保护与社区的发展矛盾（张引等，2020）。

第三阶段是 2001—2017 年，该阶段是自然保护地成熟稳定阶段，也是保护与发展冲突尺度转换阶段。在自然保护地数量和面积增加的基础上，更加注重保护质量的提高。保护与发展冲突在社区层面不断减弱的同时，在区域层面逐渐突出。该阶段我国建立起以自然保护区为主体的自然保护体系。截至 2017 年年底，我国共建立不同类型和级别的自然保护区 2 750 个，其中保护区陆地面积约占全国陆地面积的 14.88%。同时随着国家地质公园和湿地公园的建立，自然保护地类型更加丰富，较为完善的分级分类分区管理制度也被确立。国家自然保护管理机构不断健全，其管理职能也在不断增加，形成了集资源管理、行政执法、资源监测、科普教育、国际合作、社区管理等功能的管理职能（王昌海，2018）。

社区层面保护与发展冲突不断地减弱原因在于：第一，随着城市非农就业机会的增多，劳动力从乡村转移到城镇，自然保护地周边社区人口不断减少，农户对自然资源的依赖不断降低。第二，自然保护地管理机构不断开展有效的宣传教育工作，农户“靠山吃山”的传统观念也在发生变化，逐渐形成了自然保护理念。第三，政府在自然保护地内和周边实施了退耕还林、天然林保护等工程，增加了社区生态补偿收入，并且通过生态岗位的提供，社区开始参与保护工作并从中获得收益。第四，地方政府引入社会资本，在自然保护地周边开展生态旅游，吸纳社区参与获益。然而，建立自然保护地和区域发展的矛盾冲突却更加凸显，自然保护地限制了地方基础设施建设以及资源开发，造成地方经济发展受限。

第四阶段是2018年至今，该阶段是我国自然保护地走向繁荣，保护与发展冲突逐渐协调的阶段。自然保护地由过去强调对物种和栖息地的保护转变为对整个生态系统原真性和完整性的保护，我国正在建立以国家公园为主体的自然保护地体系，使保护与发展冲突形成短期凸显，长期将走向协调之路的特征。

自然保护地在管理体制、资金保障制度、生态系统保护制度、社区协调发展机制、环境监测体制方面都将得到进一步完善。同时政府和社会对生态保护越来越重视，资金投入主体更加多样化（王金南等，2021）。从短期看，随着自然保护地保护强度和面积的增加，社区生产生活会受到保护限制。此外，野生动物种群数量将不断恢复，栖息地的连通将更有利于扩大野生动物的活动范围，人与野生动物冲突将加剧（代云川等，2019）。从区域看，国家公园限制了采石、挖矿等传统资源利用方式，但国家公园建立也带来了新的发展机遇，可以改善区域生态服务功能、提升资源价值、形成绿色发展方式（苏红巧等，2020）。从长期看，生态价值实现是以国家公园为主体的自然保护地体系建立的重要内容，未来将依托自然保护地良好的生态环境，探索自然保护和资源利用的新模式，构建生态产品价值实现机制，保护与发展将逐渐走向协调之路。

第三节　以国家公园为主体的自然保护地冲突治理

一、以国家公园为主体的自然保护地冲突治理逻辑

我国自然保护地冲突治理是生态文明建设和国家现代化治理的有益结合，在理论上对冲突治理进行阐释能为其实践提供更科学的依据。自然保护地冲突治理逻辑关系如图3-1所示。现代化治理体系包括治理主体、治理过程以及治理目标。在冲突治理主体上，自然保护地的公共物品属性确定了其治理主体具有以政府为主导、多方协同共治的特点，冲突治理由多方参与者协同决策，以各种正规或非

正规渠道塑造政策结果。在政府主导的前提下，其他多元主体包括企业、社区、社会组织、公众。冲突治理过程包括立法保障、政策制度、资金机制、机构人员、行政管理。其中，冲突治理的两大基础分别是立法保障和资金机制。从立法看，发达国家已经建立了比较完备的生物多样性保护法律体系，可操作性和实施性比较强。发展中国家整体的保护与发展矛盾冲突较大，相关法律实施的强制性和可行性较差，难以满足保护需求。目前我国自然保护地生物多样性保护的主要法律依据为《中华人民共和国自然保护区条例》《中华人民共和国野生动物保护法》，相关立法体系有待进一步完善。在资金机制上，全球生物多样性保护资金的缺口至少有 500 亿美元，我国对生物多样性保护资金投入连年增加，2019 年资金投入占国内生产总值（GDP）的 0.6%，在世界各国处于较高水平（魏伟等，2021）。然而，我国自然保护地保护资金仍然存在缺口，资金主要来源于公共财政渠道，缺少社会资本参与。

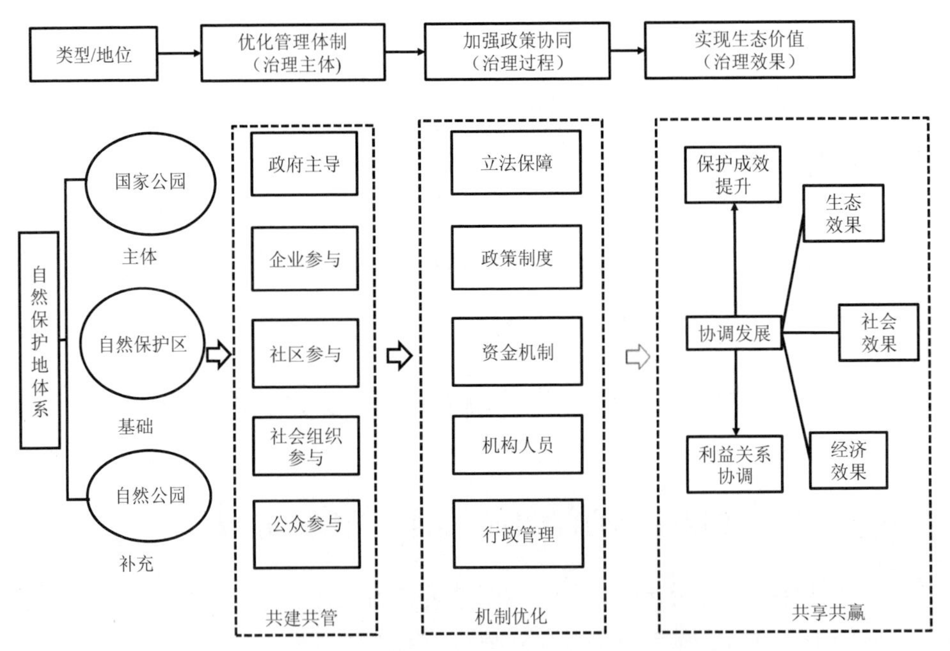

图 3-1　国家公园为主体的自然保护地体系冲突治理逻辑

在政策制度保障的基础上形成具体的冲突治理措施，包括社区共管、生态补偿、生态旅游、生态移民、生态农业等。在治理目标上，构建以国家公园为主体的自然保护地体系最重要的目标是提升生态保护效率。因此，资源及生态系统保护效果及效率是国家公园和自然保护地保护的核心目标。此外，生态价值实现程度、保护与发展目标的协调性以及保护中各种利益关系的协调统一是减缓矛盾冲突、实现可持续治理的关键。

二、以国家公园为主体的自然保护地冲突治理措施

（一）社区共管

我国最早解决保护与发展冲突的方法就是自然保护地和社区共管模式。社区共管的概念由国外引进来，1995 年由全球环境基金（GEF）在中国实施的自然保护区管理项目，将周边社区发展纳入自然保护区管理，主要的共管措施包括建造节柴灶、为社区制定发展计划、提供生态岗位、给予生产资料等物资支持（国家林业局野生动植物保护司，2002）。虽然在项目结束后，相关措施在推动社区发展方面难以可持续，但社区共管的理念延续至今，并且在部分保护区周边取得了积极的效果。例如，在唐家河自然保护区，管理处和位于保护区内的落衣沟村签订了《自然资源保护共管协议》，保护区帮助社区发展绿色经济，推广实用新技术，增加经济收入。社区减少自然资源利用，不乱砍滥伐，做好资源巡护和环境保护工作，同时及时制止和报告资源破坏行为，实现了保护和社区发展的协调。

国家公园建立后，建立社区共管机制成为国家公园内集体资源管理以及保护带动社区发展的重要手段。通过构建社区共管机制将周边社区发展目标和国家公园整体保护目标相协调，具体共管措施包括通过签订共管合作协议保护集体资源，国家公园提供生态补偿、农林业生产技术指导、市场信息等服务。

（二）生态补偿

生态补偿是解决保护与发展冲突的重要手段，在我国绝大部分自然保护地周边社区都开展了生态补偿项目，包括退耕还林补偿、生态公益林补偿、野生动物肇事补偿（李果等，2015；郭辉军等，2013）。退耕还林补偿是中国最早实施的较

有规模的生态补偿项目，其以生态保护和农户生计提升为双重目标。退耕还林工程的实施区域与生物多样性热点地区具有高度的重合性，退耕还林工程在自然保护地周边被广泛实施（徐建英等，2006）。生态公益林补偿资金来源于天然林保护工程，中央财政对承包给农户并且纳入国家和地方公益林的农户给予资金补贴。此外，在部分地区开展了野生动物肇事补偿，例如在大熊猫国家公园平武片区试点实施的野生动物致害政府救助责任保险，为了降低行政管理成本，同时考虑到投保资金有限，目前只针对损失必须在 500 元以上的事故进行赔付，同时设置了每次赔偿限额和累计赔偿限额，导致在赔偿过程中实际补偿金额低于损失金额。

国家公园建立后，很多试点推出创新的生态补偿模式，《建立国家公园体制总体方案》提出要探索协议保护等多元化保护模式；集体土地可通过合作协议等方式实现统一有效的管理，如钱江源国家公园建立了地役权补偿机制。国家公园体制试点区集体林地的占比超过 80%，为实现对国家公园集体林地的有效保护，在不改变林地权属的基础上，建立地役权补偿机制，并且该补偿机制应进一步推广到国家公园内的农田上，在做到禁止使用农药化肥、禁止焚烧秸秆、禁止引入外来入侵植物、禁止干扰野生动物等前提下，村集体和村民可享受承包地地役权补偿（申小莉等，2021）。此外，在区域层面，中央政府将加大自然保护地所在区域地方政府的生态补偿力度，激励地方政府生态保护积极性，包括中央政府的财政转移支付和不同区域的横向生态补偿（刘某承等，2019）。《关于建立以国家公园为主体的自然保护地体系的指导意见》指出，按自然保护地规模和管护成效加大财政转移支付力度。此外，国家公园还能提供更多的生态岗位，如在三江源国家公园，按照区内牧民“一户一岗”设置生态管护公益岗位，实现了社区参与保护和脱贫的“双赢”（赵翔等，2018）。

（三）生态旅游

生态旅游在 20 世纪 80 年代正式引入中国，取得了显著的效益。根据原环境保护部调查专项“全国自然保护区基础调查与评价”，对我国 1 097 个自然保护区进行调查，结果显示，一半以上的自然保护区周边开展了生态旅游，开展生态旅游成为协调保护与周边社区发展的重要手段（张昊楠等，2016）。目前社区参与生态旅游的模式主要有以下 5 种：第一，社区集体资源作为生态旅游的景观资源，可以获得旅游门票等收入的分红，如住在九寨沟自然保护区内的社区可以获得旅游业收入的分红（石璇等，2007）。第二，社区直接参与生态旅游经营，包括经营农家乐，提供餐饮和住宿服务，售卖土特产品和文化产品（马奔等，2016a）。第三，在生态旅游开发过程中，会产生一些短期和长期的就业机会，社区通过提供劳务获益。短期的就业机会包括在旅游开发过程中，修路、建造房屋等基础设施的完成需要当地提供劳动力；长期的就业机会包括在酒店、旅游公司担任服务员、保洁、导游、司机等岗位开展工作。第四，旅游开发带动了其他相关产业的发展，包括旅游开发后需要加强对资源保护监管，因而增加了护林员工作。旅游也带动了社区农林牧副渔产业的发展。第五，通过社区文化资源和旅游资源的结合带来就业机会。例如社区拥有的独特的文化习俗，可以为游客提供传统习俗表演展示，从而获取收益（周睿等，2017）。国家公园建立后，通过特许经营发展生态旅游并带动社区发展成为协调保护与发展的重要举措。然而，当前自然保护地周边开展生态旅游的社区参与不足，只有部分社区生计水平高、区位条件好的家庭能够参与获益，同时旅游开展的负面影响不可忽视，包括污染当地生态环境、破坏野生动植物栖息地以及扰乱市场供求造成物价上涨等（雷硕等，2020）。

（四）生态移民

生态移民是减缓社区资源利用程度较为有效的方式。由于我国人口众多，在划定自然保护地范围的过程中不可避免地要把社区生产生活范围纳入，既不利于生态保护，同时也对社区发展造成负面影响，尤其是位于核心区和缓冲区的社区，其资源利用和基础设施建设受到严格限制，保护与发展矛盾比较尖锐。为此，可以通过生态移民减缓保护与发展矛盾的程度。国家公园建立后，生态移民成为推动社区发展和生态保护协调的一项重要政策措施，在《建立国家公园体制总体方案》中提到重点保护区域内居民要逐步实施生态移民搬迁，其他区域内居民根据实际情况，实施生态移民搬迁或实行相对集中居住。然而生态移民后，虽然社区对保护的威胁明显降低，但农户离开赖以生存的土地资源，生计难以可持续，可能会发生回迁现象（谭伟福等，2016）。因而，生态移民政策不能是独立实施的，需要有生态补偿、生态旅游等政策配套，发挥政策的协同效应。例如，海南热带雨林国家公园建立后，涉及核心区内农户生态移民，主要的生态移民模式为将社区集中安置至城区旅游山庄附近，通过实施“生态移民+生态岗位+生态旅游”的政策组合，实现移民后社区生计可持续。

（五）生态农业

为实现生态保护，自然保护地范围内的农业用地和林地需要尽量减少使用农药化肥，这会降低农作物产量，增加生产成本。但自然保护地范围内良好的生态环境加上不使用农药化肥，其生产出的农林产品绿色无污染，更符合城市人口对绿色农产品的需求。因而，自然保护地周边社区需要发展生态农业，通过生态认证增加产品附加值。国家公园建立后进行了相关的探索，以钱江源国家公园为例，国家公园管理局和周边社区签订了共管协议，禁止社区在农田使用农药化肥；同时，与开化县新农村建设投资集团有限公司签订了《特许经营合同》来收购这些农田生产的稻谷，并且允许使用国家公园品牌以提高产品附加值，减少社区保护成本。但在实施过程中，由于生态产品的价值高，且与一般农林产品难以分别、监管成本高，可能会造成少部分农户使用农药化肥以获得更大产量。此外，从需求侧来看，市场对生态产品的认可度和消费行为仍然不足。

第四节　以国家公园为主体的自然保护地冲突治理优化政策建议

我国建立自然保护地以来，保护与发展的冲突一直存在并且不断演变，经历了社区层面冲突不断加剧，进而向区域层面转换的过程。以国家公园为主体的自然保护地体系建立后，保护与发展的冲突在短期加剧，长期将逐渐走向协调之路。为了实现保护与发展协调，政府实施了生态补偿、生态旅游、生态移民、生态农业等一系列保护与发展政策。总体上，各项保护与发展政策措施取得了积极的生态和生计效果，但政策效果也需要权衡，未来需要从优化管理体制、加强政策协同和实现生态价值三方面实现冲突治理优化。

一、优化自然保护地管理体制，在良好治理体系构建的基础上实现有效管理

自然保护地治理是关于权责关系的界定和分配，具体包括谁来制定目标、如何分配权责关系来实现目标，利益相关者如何参与，管理则是关于采取何种措施来实现目标以及如何细化管理目标和职责。以往自然保护地管理目标制定大多是自上而下，忽视了利益相关者的参与，尤其是社区利益没有得到充分体现。此外，以 GDP 为主要政绩考核目标的行政管理体系也导致在自然保护地治理上中央和地方政府激励不相容，造成在社区和区域层面保护与发展的冲突。为此，以国家公园为主体的自然保护地体系需要从管理走向治理，以实现有效管理。首先，有效治理依赖良好的制度，国家公园需要在制度层面建立权责明晰的管理体制，保证中央和地方在自然保护地管理上激励相容，具体措施包括将自然保护地保护效果纳入地方官员绩效考核，探索建立生态产品价值核算的政府考核评估机制。其次，在管理目标制定上体现利益相关者的参与，考虑利益相关者的诉求，主要利益相关者包括中央政府、地方政府、各级保护地管理机构、非政府组织、特许经营公司、社区。通过成立国家公园共建、共管和共享委员会，吸纳利益相关者参与和进行决策，并形成治理合力，建立生态环境保护利益导向机制。最后，减少中央和地方在自然保护地管理上的信息不对称的现象，建立科学的生态系统监测网络以实现对生态保护效果进行有效监督和考核，降低治理成本。

二、发挥不同政策组合效果的协同效应，增强生态系统韧性

单一政策难以实现自然保护地保护与发展协调目标，需要探索多样化的政策措施组合。目前我国在自然保护地内实施了一系列保护与发展政策，如退耕还林、天然林保护、生态旅游、生态移民、绿色发展项目。不同政策的政策手段、政策目标以及政策效果都不尽相同，会存在对生态效果和生计效果的权衡。因此，需要探索不同保护与发展政策组合，发挥政策的协同作用，通过政策手段和目标的调整避免不同政策效果发生拮抗，实现生态效果和生计效果的“双赢”。以大熊猫国家公园为例，大熊猫国家公园建立后，部分社区被划入公园的核心区，生态移民的需求和规模将进一步扩大。生态移民后社区对保护的威胁大大降低，但面临

后续可持续生计的难题。生态移民也显著改善了社区的住房、交通、教育等条件，距离市场、县城等地的距离更近，具备了参与生态旅游经营的物质条件。因而在生态移民政策中搭配生态旅游的可以实现生态保护和生计可持续的协调。

虽然生态旅游和生态移民的政策组合实现了人与自然耦合系统的生态和生计的协调，然而该系统的韧性并不坚固。在新冠肺炎疫情冲击下，社区与生态旅游相关的收入大幅度减少，而生态移民导致社区土地资源减少，社区生计来源受限。这体现出人与自然耦合系统的脆弱性，生态旅游和生态移民的政策组合并不是万能的，需要通过多种政策组合加强人与自然耦合系统的韧性，包括生态旅游、生态移民、生态补偿、生态岗位提供等政策的组合，实现社区生计多样化。

三、在严格保护的基础上实现自然保护地生态价值

解决保护与发展冲突的重要路径之一是实现自然保护地生态价值，发挥生态保护正外部性的经济价值。生态价值的实现离不开生态系统的有效保护。为此，首先，需要加大生态保护资金投入，提升保护管理能力。其次，在社区层面探索生态旅游、绿色农业、生态认证、生态补偿、生态岗位等多种生态价值实现模式，通过保护带动地方发展，形成正向反馈。最后，在区域层面建立横向生态补偿机制，解决地区保护成本和收益分配不均衡的问题。生物多样性丰富的地区大多数是经济落后的地区，其在生态保护中牺牲了经济发展的机会，而中央财政的转移支付有限。因此，国家需要建立横向生态补偿机制，激发地方政府生态保护积极性。

第四章　生物多样性保护对农户生态福利实现的影响：机理及溢出

第一节　引　言

人与自然的耦合随着社会经济的发展愈加强烈，人类发展的可持续和生物多样性保护的可持续是可持续发展目标的重要内容。各个可持续发展目标的实现是相辅相成、息息相关的，生物多样性保护目标的实现离不开人类发展的可持续，而人类发展的可持续也依托生物多样性保护。生态系统直接或间接提供福利支撑人类福祉的观点已经受到联合国千年发展目标、可持续发展目标以及《生物多样性公约》等全球政策工具的认可，因此自然保护体系是通过提供生态系统服务连接社会和生态系统的纽带。

在我国，顶层设计早已意识到上述逻辑关系。2005 年，习近平同志在解决经济增长和环境保护问题时提出“绿水青山就是金山银山”的科学理念，把生态环境优势转化为生态农业、生态工业、生态旅游等生态经济的优势（哲欣，2005）。生物多样性保护方式也越来越不局限于对自然资源利用的严格限制。党的十九大报告提出要加大生态系统保护力度，同时也要提供更多优质生态产品以满足人民日益增长的优美生态环境需要。建立自然保护区是就地保护生物多样性最有效的手段之一（Geldman et al.，2013；Coad et al.，2008）。截至 2018 年年底，全国共建立各种类型、不同级别的自然保护区共 2 750 个，总面积为 147.17 万 km^2。其中，自然保护区陆域面积 142.7 万 km^2，占陆域国土面积的 14.86%（生态环境部，2019）。然而大多数自然保护区位于经济欠发达的中西部偏远地区，保护与发展冲突严重（温亚利，2003）。在此背景下，通过生物多样性保护实现更多生态福利成为协调保护与发展目标的重要手段之一。生态福利实现也是连接人与自然耦合系统的纽带，对人类福祉提升和保护可持续具有重要意义。本研究以生物多样性保护与农户生态福利关系的分析为基础，进而以农户生态福利实现作为保护政策效果评价和优化的重要驱动。农户生态福利是农户从自然资源中获得的利益，包括从供给服务中获得的利益（包括农林业生产、采伐、采集等），还包括从调节服务和文化服务中获得的利益（包括生态旅游收益、生态补偿等）。

自进入 21 世纪以来，随着《千年生态系统评估报告》的出台，生态系统服务对人类福祉的贡献已经得到广泛的认同（MA，2005）。福祉也成为评估生态保护政策效果的重要评价指标之一并被广泛应用（徐建英等，2018；丁屹红等，2017）。

然而关于生态系统对人类福祉的影响机制还未明确，生态系统如何提升人类福祉的问题还仅仅停留在理论层面。人类从生态系统中获得福利是显而易见的，森林生态系统是人类赖以生存的基础，联合国可持续发展目标中指出，约有 16 亿人依靠森林维持生计，其中包括 7 000 万土著居民。生态系统提供了几乎所有的人类福祉要素，尤其是在经济和社会发展水平落后的地区，社区居民的最基本食物和能源等生计必需品在很大程度上依赖于生态系统服务的供给，如蜂蜜、木材、非木质林产品等（Ma et al.，2018；Duan et al.，2017b；Hogarth et al.，2013）。生态系统提供的调节服务包括减少病虫害、自然灾害等，这部分服务难以计量，Yang 等（2013a，2018b）以及李聪等（2017）用生态补偿收入作为农户从调节服务中获得的福利，其依据是生态补偿项目设计通常是为了生态系统的调节功能服务，包括水资源保护、土壤侵蚀控制、碳汇以及空气净化等，因而将生态补偿收入作为调节功能服务的福利。生态系统的文化服务是显而易见但同时又是容易被忽视的，尤其是在未开展生态旅游的区域，这部分福利包括社区从社会生态系统中获得的地方依恋和归属感，美丽的景观生态系统带来的身心愉悦（Masterson et al.，2017）。野生中药材等非木质林产品在提供农户经济收益的同时又具有象征意义和文化意义（Hamilton，2004）。而这部分价值也通常难以度量。比较容易度量同时对农户生计产生重要影响的文化服务的价值是农户在生态旅游中的收益，包括从事与生态旅游相关的农家乐、餐馆和宾馆的经营，卖旅游商品，在景区从事司机、导游、保洁、保安等工作（马奔等，2016a）。

已有学者关注到福祉和生态系统服务不是直接关联的，寻找农户福祉与生态系统服务的关联量化机制已成为当前研究的重点方向。Yang 等（2013a，2018b）

构建了农户生态系统服务依赖指标体系，该指标体系的构建依据是将农户的收入来源进行细分，将与生态系统服务中的供给服务、文化服务以及调节服务相关的科目进行归类，从而构建起生态系统服务依赖指标体系，并进行生态系统服务依赖度的测算，进而分析生态系统服务依赖对福祉的影响。李聪等（2017）借鉴该生态系统服务依赖测度框架，分析了移民搬迁对生态系统服务依赖的影响。现有研究将生态系统服务和福祉在微观层面进行度量并分析两者之间的关系，为本研究奠定了基础。李南洁等（2017）通过将农户对生态系统服务的感知作为农户与生态系统的关联机制，并采用结构方程模型对生态系统服务变化与农户福祉之间的关系进行了耦合。

农户从生态系统中获得的福利是连接生态系统服务和福祉的关键。通过生态系统保护提升农户生态福利成为实现保护和发展“双赢”的重要路径。关于生物多样性保护与农户生态福利之间关系的理论探讨，少部分学者展开了实证分析，但研究结果充满争议。大多数关于保护与福利关系的理论模型是基于 Von Thunen 在 1926 年提出的区域土地利用模型提出的，其率先提出土地生产、市场和距离之间的分析框架，并指出所有的土地利用都是为了产量最大化，土地的价值是基于土地生产产量、经营成本、市场价格、运费以及与市场的距离决定的。在此理论模型的基础上，关于保护与农户生态福利实现的关系大多是负向相关的，即生物多样性保护会限制农户生态福利实现，保护政策会限制土地资源的最优化利用，导致农户承包的土地价值降低（Yergeau et al.，2017）。Robalino（2007）构建了保护政策与福利关系的两部分理论模型，发现保护会限制土地生产扩张，降低农户收入以及消费量。Robinson（2008）以及 Robinson 和 Lokina（2011）通过构建理论模型发现生物多样性保护政策会对自然保护地周边农户的福利实现产生负向影响。生物多样性保护政策确实会对农户部分生态福利产生负向影响，其实现机制包括保护政策限制农药化肥使用造成土地产量降低，同时生物多样性保护政策实施造成野生动物数量增加，其肇事强度也不断增加，进一步减少土地产量（王昌海，2017）。保护政策会限制自然保护地周边基础设施的建设，进而增加农作物运输以及生产成本（Ma et al.，2018）。在保护政策中，《中华人民共和国自然保护区条例》严格限制放牧、挖药、采集等活动，从而直接限制农户从农林地中获得福利，导致土地产量降低。同时保护限制政策会导致农户减少配置在农林业生产经营中的活动，反而转向非农就业活动，进而导致非农就业竞争激烈，非农就业市场劳动力价格下降，最终导致农户福利减少（Sim，2010）。

虽然理论模型大多证明生物多样性保护政策限制了保护地周边农户生态福利的实现，不少实证检验结果却与理论模型相悖。Bandyopadhyay 等（2010）发现赞比亚自然保护地的建立会增加保护地周边部分农户的家庭收入。同时自然保护地的显著减贫效应也得到不少学者的认同和检验（Ferraro et al.，2011，2015b；Andam et al.，2010）。现有理论模型与实证分析存在分歧的原因在于对生物多样性保护政策在限制土地的农林业生产经营活动的同时是否会产生其他效益。例如，生物多样性保护有利于典型物种种群数量恢复，栖息地质量提升以及周边自然生态环境质量变好，这将有助于生态旅游的开展和游客数量的增加（Liu et al.，2016）。生态旅游的开展被认为是自然保护地减贫的重要机制（Ferraro et al.，2014；Staiff et al.，2004）。在保护地周边开展生态旅游是协调保护与发展的重要手段，生态旅游带来的收入效应显著高于生物多样性保护政策限制给社区带来的保护成本（Ma et al.，2019）。因而在自然保护地周边开展生态旅游会使农户从生态系统文化服务中获得的福利显著高于从供给服务中获得的福利。同时，生物多样性保护政策在限制土地生产经营活动时也会有相应的生态补偿，如退耕还林补偿、天然林保护补偿等。为了减缓保护与发展的冲突，政府和非政府机构也开展了一系列保护与发展项目，如节柴灶、替代生计、生态移民、生态旅游等项目（段伟等，2017）。因而，保护强度越大，农户从供给服务中获得的利益越少，从调节和文化服务中获得的利益越多。

综上所述，现有的研究大多聚焦生态系统服务对人类福祉的贡献以及生物多样性保护政策对农户生计和生态系统的影响机理，而忽视了其中的影响机制，即关于生态系统服务如何影响人类福祉以及生态保护政策如何影响农户生计及生态效果问题。生态福利是联系生态系统服务和人类福祉的纽带，在评估生态系统对人类福祉贡献过程中不可忽视。为此，本部分聚焦于生态福利这一重要影响机制上，探讨生物多样性保护政策对生态福利实现的影响机理，以期能更好地理解生态系统服务提升人类福祉的路径以及保护政策优化的方向。

第二节　数据来源与样本描述

一、研究区域

本研究选取了秦岭地区 7 个自然保护区周边社区。秦岭是我国南北方地理分界线的组成部分，是我国北亚热带和暖温带气候分界线的组成部分，是动植物区系的分界线之一，是黄河、长江两大水系的分水岭之一。这里地貌复杂，生态系统多样，生物种类丰富。秦岭部分地区社会经济发展落后，曾经分布有周至、宁陕、太白、洋县、佛坪等多个国家级贫困县。自实施天然林保护工程以来，森林数量增加，环境质量提高，生态功能改善。秦岭具有发展生态旅游的丰富自然资源。

自 1965 年陕西省建立第一个自然保护区——陕西太白山自然保护区以来，截止到 2020 年 5 月，陕西秦岭已建成各类自然保护地 130 处。其中，国家公园 1 个、国家植物园 1 个、野生动物园 1 个、风景名胜区 14 个、自然保护区 33 个、森林公园 50 个、湿地公园 11 个、水产种质资源保护区 11 个、地质公园 8 个（赵侠等，2020）。第四次大熊猫调查结果显示，陕西秦岭大熊猫约有 345 只（不含幼体），占全国总数的 18.5%，栖息地面积为 36.06 万 hm^2，潜在栖息地面积为 24.46 万 hm^2，涉及 5 市 11 县；与 10 年前相比，野外大熊猫种群数量增幅为 26.4%，超出全国平均增幅 9.8 个百分点，为全国最高；种群密度为 0.096 只/km^2，较第三次大熊猫调查结果增高了 23.1%，超过全国 0.072 只/km^2 的平均密度，位居全国之首。

二、数据收集

本章数据来源于 2018 年 7—12 月课题组对陕西秦岭周至、长青、佛坪、皇冠山、太白牛尾河、老县城、黄柏塬等自然保护区周边社区的调查。为了保证问卷设计科学合理、切合实际，项目组在 2017 年 8 月于上述保护区开展了关键人物访谈和预调研，具体访谈对象包括自然保护区社区共管科管理人员、村干部以及村民代表，目的是了解问卷设计是否能很好地反映实际情况以及被调查对象是否能很好地对问题做出准确反映。预调研结果显示问卷设计基本能够达到预期效果，被调查者能够对问题做出准确的回答。在预调研的基础上，项目组对调查问卷进行了进一步完善。调查组由15名富有调查经验的博士、硕士和高年级本科生组成。在调查开始前，由问卷设计者对调查者进行问卷内容培训。培训内容包括问卷设计目的、访谈技巧以及调查区域的社会经济发展情况。同时项目组还雇用了保护区社区科的工作人员，协助完成部分问卷调查工作。调查对象主要是户主，完成每份调查问卷需要时长为45～60 min。共收集问卷650份，其中有效问卷618份，区内184份，周边296份，区外138份。

第三节　研究假说与方法

一、研究假说

本研究以生物多样性保护与农户生态福利关系的分析为基础，以农户生态福利实现作为保护政策效果评价和优化的重要驱动。农户生态福利是农户从自然资源中获得的利益：从供给服务中获得的利益，包括从农林业生产、采伐、采集等活动中获利；还包括从调节服务和文化服务中获得的利益，包括生态旅游、生态补偿等。制定生物多样性保护政策是为了保护生物多样性，包括颁布的一系列法律法规、实施的生态保护工程以及保护与发展项目。

本研究理论分析以及推导出的理论模型，能够协调保护与发展的矛盾，完善保护政策对农户生态福利实现的机制，进而提升保护政策效果，为优化生物多样性保护政策提供基础。本研究提出生态福利和保护强度之间的假设相关关系，如图4-1所示。

具体假设关系如下：

第一，生物多样性保护强度和农户生态供给功能福利实现呈负相关关系，自然保护区的建立对保护区内社区供给功能福利实现的负向影响最大，保护区周边次之，保护区外最小。

第二，生物多样性保护强度和农户生态调节功能福利实现呈正相关关系，自然保护区建立对区内社区调节功能福利实现正向影响最大，周边次之，区外最小。

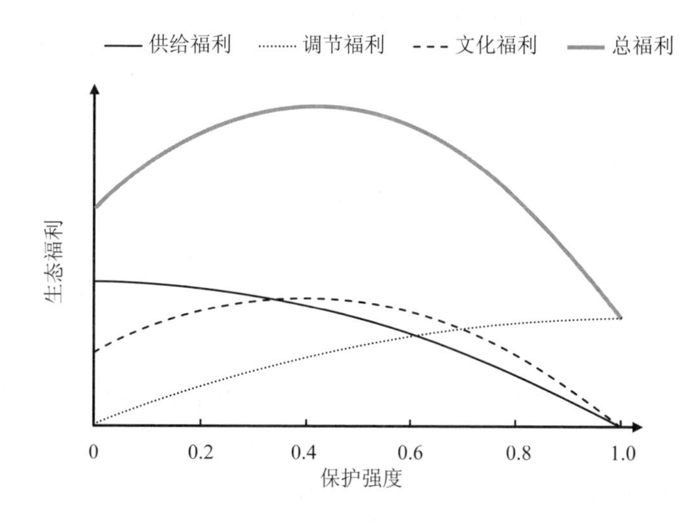

图 4-1　生态福利和保护强度的假设关系

第三，生物多样性保护强度和农户生态文化功能福利实现呈非线性倒“U”形的相关关系，自然保护区建立对周边社区的文化功能福利实现正向效果最大，区内次之，区外最小。

第四，生物多样性保护强度和农户生态福利实现呈现非线性倒“U”形的相关关系，自然保护区建立对周边社区生态福利实现的正向效果最大，区内次之，区外最小。

二、研究方法

建立自然保护区是就地保护生物多样性最有效的形式之一，大熊猫自然保护区的首要目标是保护大熊猫及其栖息地，而大熊猫栖息地与社区居民的生产生活空间高度重合，形成了复合的人与自然耦合系统。建立自然保护区对农户生态福利实现的影响机制包括两方面：一方面，建立自然保护区改善了周边生态环境，提高了生态系统服务功能，因而会提升社区的生态福利；另一方面，保护限制政策会限制社区生态福利的获取。以往研究在分析自然保护区对社区生计影响时，通常设置自然保护区内社区为实验组，而自然保护区外社区为对照组。划分标准也不统一，有按照农户居住于自然保护区边界进行划分的（段伟，2016；王昌海，

2014），也有按照农户是否有林地、农地以及宅基地位于自然保护区内进行划分的（Ma et al.，2019）。这种两分法虽然一定程度上可以反映自然保护区建立对社区生计的影响，但是忽视了保护政策的溢出效应，即建立自然保护区不仅对保护区内社区产生影响，同时对位于保护区周边的农户生计也会产生影响。

为此，本研究将自然保护区和社区组成的人与自然耦合系统分为三区，具体划分标准借鉴王昌海（2014）、Clements 等（2014）的研究，把“保护区内社区”定义为居住在保护区的实验区外围边缘内的社区；“保护区周边社区”定义为居住在保护区的实验区外围边缘外 10 km 以内的社区；“保护区外社区”定义为：居住在保护区的实验区外围边缘外 10 km 以上的社区。保护区内社区受保护政策的严格限制，但同时其生态系统服务功能价值最高；保护区周边社区受保护政策的部分限制，生态系统的服务功能价值次之；而保护区外社区基本不受自然保护区保护政策的影响，但是周边生态系统的服务功能价值较低。简单比较保护区内、周边及保护区外社区的生态福利无法准确反映自然保护区建立对农户生态福利实现的影响，因为保护区内、周边以及保护区外农户家庭在区位条件、资源禀赋、社会资本等方面存在异质性，而这部分差异并不完全是由生物多样性保护引起的。

在实践中，保护政策作用于某区域产生的保护强度通常难以测度。生物多样性保护政策将自然保护区域和周边社区组成的人与自然耦合系统划分为三区，三区保护强度存在显著不同，自然保护区内社区形成的区域受到的保护强度最大，周边社区次之，而区外社区最小。为此，本研究将保护强度进行离散化处理，通过比较自然保护区建立对区内社区以及周边社区生态福利实现的处理效应，分析保护和生态福利实现之间的关系。

下面以保护区内社区作为实验组，以保护区外社区作为对照组，分析生物多样性保护政策对农户生态福利实现的影响。理想条件下，准确测度生物多样性保护对农户生态福利实现的方法是比较同一个家庭在建立保护区后和没有建立保护区的生态福利实现情况。但显然，在同一个观察时间点上，这两个结果无法同时观测，只能观测已经居住在保护区内家庭的生态福利实现情况（事实结果），而无法观测已经居住于保护区内的家庭在未居住于保护区内时的生态福利实现情况（反事实结果）。鉴于此，利用匹配法可以将观测数据近似为实验数据来处理这种反事实结果缺失的问题。首先将农户生态福利实现状况定义为 Y_i；D_i 是一个二值变量，D_i={0,1}，D_i=1 表示家庭位置在区内，D_i=0 表示家庭位置在区外，对于家庭 i，其未来生态福利实现状况可能有两种状态，取决于居住在保护区内还是区外，即

$$Y_i = \begin{cases} Y_{1i}, & \text{若} D_i = 1 \\ Y_{0i}, & \text{若} D_i = 0 \end{cases} \tag{4-1}$$

式中，Y_{1i} 表示居住在保护区内家庭的生态福利实现状况，Y_{0i} 表示居住在保护区外家庭的生态福利实现状况。根据 Rosenbaum 等（1983）的定义，可以得到生物多样性保护对家庭生态福利实现的 3 种处理效应，分别为平均因果效应（ATE）、参与者平均处理效应（ATT）以及非参与者平均处理效应（ATU），计算公式如下：

$$ATE = E\left[(Y_{1i} - Y_{0i}) \middle| X\right] \tag{4-2}$$

$$ATT = E\left[(Y_{1i} - Y_{0i}) \middle| X, D_i = 1\right] \tag{4-3}$$

$$ATU = E\left[(Y_{1i} - Y_{0i}) \middle| X, D_i = 0\right] \tag{4-4}$$

匹配法主要分为倾向值匹配和匹配估计量两种，虽然倾向值匹配更加常用，但其更多用于解决自选择导致的偏差问题，周边社区家庭居住在保护区内外并不是一个自选择的结果，也不是随机分布的；且由于倾向得分匹配在第一阶段选择 Logit、Probit 或者非参数估计时存在不确定性和主观性（陈强，2014）。因此，采用 Abadie 等（2002）提出的匹配估计量方法，在尽量少的主观决定基础上完成匹配，同时当匹配不精确时一般存在偏差。为了消除简单匹配仍存在的部分偏差，根据 Guo 等（2010）和 Abadie 等（2011）的方法，使用偏差校正匹配估计量的方法。基本步骤如下所述。

（1）以估计样本平均处理效应（Sample Average Treatment Effect，SATE）为例。使用匹配样本中的数据进行两个单独的回归，第一个回归使用保护区外的家庭数据，第二个回归使用保护区内的家庭数据，回归的因变量都为 Y_i，而自变量为所有的协变量。记回归函数的截距为 $\hat{\beta}_{D_i 0}$ 且斜率向量为 $\hat{\beta}'_{D_i 1}$。

（2）在获得两套回归系数后，对 D_i={0，1}来说，调整项 $\hat{\mu}_{D_i}$ 可以表示为

$$\hat{\mu}_{D_i} = \hat{\beta}_{D_i 0} + \hat{\beta}'_{D_i 1} x \tag{4-5}$$

以 $K_M(i)$ 为权重使加权残差平方和最小化的 $\hat{\beta}_{D_i 0}$ 和 $\hat{\beta}'_{D_i 1}$，即

$$\left(\hat{\beta}_{D_i 0},\ \hat{\beta}'_{D_i 1}\right) = \arg\min \sum_{i:D_i=\{0,1\}} K_M(i)\ \left(Y_i - \hat{\beta}_{D_i 0} - \hat{\beta}'_{D_i 1} X_i\right)^2 \tag{4-6}$$

（3）在分别获得 D_i=0 和 D_i=1 的调整项后，即可采用该项矫正包含在简单匹配估计量中的偏差，公式如下：

$$Y_{0i} = \begin{cases} Y_i; 若 D_i = 0 \\ \dfrac{1}{\# J_{M(i)}} \sum\limits_{l \in J_{M(i)}} Y_l \left\{ Y_l + \hat{\mu}_0\left(X_i\right) - \hat{\mu}_0\left(X_l\right) \right\}; 若 D_i = 1 \end{cases} \tag{4-7}$$

$$Y_{1i} = \begin{cases} \dfrac{1}{\# J_{M(i)}} \sum\limits_{l \in J_{M(i)}} Y_l \left\{ Y_l + \hat{\mu}_0\left(X_i\right) - \hat{\mu}_0\left(X_l\right) \right\}; 若 D_i = 0 \\ Y_i; 若 D_i = 1 \end{cases} \tag{4-8}$$

式中，l 表示处理条件与居住在保护区内家庭（或区外家庭）相反的所有家庭中离某特征第 M 近的家庭的下标值，Y_l 为家庭 l 的生态福利实现状况。$J_{M(i)}$ 表示与家庭 i 匹配标号的集合，其满足：$J_{M(i)} = \left\{ l_{M(i)} = 1,2,\cdots,n \middle| D_l = 1 - D_l, \left\| X_l - X_i \right\| v \leqslant d_M(i) \right\}$，其中，$d_M(i)$ 为家庭 i 根据协变量 X 衡量的处于相反处理条件的某特征第 M 个最近匹配的距离；$\# J_{M(i)}$ 表示集合 $J_{M(i)}$ 中元素的个数；$K_{M(i)}$ 为家庭 i 被用作处于相反处理条件的全部观测 l 的匹配的次数：

$$K_{M(i)} = \sum_{l=1}^{n} l\{ i \in J_M(l) \} \frac{1}{\# J_{M(l)}} \tag{4-9}$$

式中，$l\{\bullet\}$ 为指示函数，当大括号内表达式为真，等于 1，否则为 0。

（4）上述步骤以 SATE 等价于总体平均处理效应（Population Average Treatment Effect，PATE）的点估计为例，如果估计样本处理组平均处理效应（SATT）［或总体处理组平均处理效应（PATT）］则仅需估计保护区内家庭的回归函数 $\hat{\mu}_0$，如果估计样本非参与者平均处理效应（SATU）［或总体非参与者平均处理效应（PATU）］则仅需估计保护区内家庭的回归函数 $\hat{\mu}_1$。根据匹配选取的 Y_{1i} 和 Y_{0i}，分

别代入式（4-2）～式（4-4），即可估计出 3 种处理效应。

同理，可以将保护区周边家庭作为实验组，而保护区外社区家庭作为对照组，评估生物多样性保护政策对农户生态福利实现的影响。在政策研究中 *ATT* 应用更为广泛，*ATT* 衡量了政策项目参与者的影响，对有效评估自然保护区建立的生计和生态影响有重要意义。

第四节　生物多样性保护对农户生态福利实现的处理效应

农户从生态系统中获得的福利包括从供给服务中获得的福利、调节服务中获得的福利以及从文化服务中获得的福利。建立自然保护区限制了社区的生产生活以及自然资源利用，但生物多样性得到了有效保护，生物多样性保护也为社区带来了更多的生态补偿机会以及更好的生态旅游发展条件。为此，本部分主要探讨当前建立的自然保护区对农户生态福利的实现机制，进而通过减少自然保护区对社区生态福利实现的负面影响、强化正向影响提高社区生态福利。具体内容包括：对社区的生态福利进行测度并进行比较，以此发现当前不同类型农户的生态福利实现程度；对农户的家庭人口、资源禀赋以及区位特征进行比较，目的是比较不同区位农户是否存在异质性，在此基础上，采用匹配估计量，在控制农户可观测异质性的基础上，分析建立自然保护区对农户生态福利实现的影响机理。

一、社区家庭生态福利测度及差异分析

由表 4-1 可知，自然保护区周边社区生态福利实现程度在 10%的置信水平存在显著性差异。具体的，从生态福利实现程度看，周边社区的生态福利实现程度最高，略高于自然保护区内的社区，远高于自然保护区外的社区。从生态系统的供给功能福利看，区外社区供给功能福利实现程度高于周边社区，区内社区供给功能福利最少，主要原因在于区外社区的农作物收入高于周边且远高于区内社区。在生态系统调节功能福利上，三区在 5%的置信水平上存在显著性差异，区内社区调节功能福利实现程度最高，周边社区次之，区外社区最低，主要原因在于在生态公益林补偿上区内高于周边且远高于区外。在文化功能福利上，三区在 1%的置信水平上存在显著性差异，周边社区的文化功能福利实现程度最高，略高于区内

社区，远高于区外社区。

表 4-1　社区生态福利测度及比较分析　　单位：元

生态福利指标	总样本	区内	周边	区外	差异性检验
生态系统供给功能福利	2 948.7	2 863.5	2 890.8	3 186.1	0.374
人均农作物收入	1 028.1	863.8	1 003.5	1 299.9	0.032
人均林业收入	953.5	1 026.1	977.6	805.2	0.111
人均牲畜养殖收入	967.0	973.6	909.8	1 081.1	0.174
生态系统调节功能福利	1 282.7	1 493.3	1 306.5	951.1	0.018
人均退耕还林补偿	203.6	201.9	238.5	130.9	0.000
人均生态公益林补偿	970.8	1 167.6	962.2	726.9	0.036
其他生态补偿	108.4	123.9	105.8	93.3	0.998
生态系统文化功能福利	1 963.7	2 088.1	2 292.4	1 092.8	0.001
人均生态旅游收益	1 963.7	2 088.1	2 292.4	1 092.8	0.001
生态福利	6 195.1	6 444.9	6 489.7	5 230.0	0.100
人均纯收入	12 226.2	11 585.2	12 591.3	12 297.7	0.270

注：由于方差分析的等方差假定或正态性假定通常难以达到，因而采用基于秩的非参数检验中的 Kruskal-Wallis 秩和检验比较三区生态福利实现差异性。下同。

生态福利实现对农户家庭收入贡献较高，从总福利贡献看，区内以及周边社区生态福利对总收入的贡献最多，占比均超过 50%，其中周边社区的贡献程度高于区内，而区外的生态福利对总收入的贡献程度不到 50%。三区供给功能福利均对收入的贡献程度最高，文化功能福利次之，调节功能福利最低。

二、社区家庭人口特征比较及变化

保护区周边社区社会经济及区位特征差异性分析如表 4-2 所示，区内、周边以及区外社区在林地面积、与镇市场距离、户主受教育程度、劳动力数量、海拔高度上存在显著性差异。具体的，区外社区户主受教育程度、家庭劳动力数量显著高于或大于周边及区内社区；而在林地面积上，区内家庭人均林地面积显著大于周边及区外家庭，达到 256 亩/户；在与镇市场距离上，区内家庭与镇市场的平均距离最远，达 16.1 km，显著高于周边社区，其与镇市场平均距离约为 12.4 km，区外社区与镇市场距离最近，平均约为 7.7 km；在海拔高度上，区内家庭平均海拔也显著高于周边社区，高于 1 000 m，区外社区平均海拔最低，达 933 m。而在户主年龄、户主性别、是否为村干部、自评身体状况、家庭常住人口以及家庭耕地面积上不存在显著性差异。总体被调查农户的平均年龄为 52 岁，91%的被调查农户家庭户主是男性，被调查家庭户主的平均受教育程度为 6.49 年，8.6%的被调查者是村干部，且自评身体状况大多为良好；被调查家庭的平均常住人口为 3.133 人，平均劳动力数量为 2.672 人。

表 4-2　三区社区农户社会经济及区位特征差异性分析

变量名	变量解释	全部	区内	周边	区外	P
户主年龄	实际调查数据/岁	52.6	52.9	53.0	51.3	0.363
户主性别	1=男，0=女	0.917	0.929	0.909	0.920	0.928
户主受教育程度	实际调查数据/a	6.489	6.125	6.422	7.116	0.030
是否为村干部	1=是，0=否	0.086	0.092	0.088	0.072	0.807
自评身体状况	1=良好，2=一般，3=轻度疾病，4=重大疾病	1.506	1.440	1.547	1.507	0.485
家庭常住人口	实际调查人数/人	3.133	3.098	3.125	3.196	0.823
劳动力数量	实际调查数据/人	2.672	2.497	2.655	2.938	0.000
耕地面积	家庭实际调查数据/亩	7.644	7.365	7.515	8.292	0.613
林地面积	家庭实际调查数据/亩	210	256	194	182	0.014
与镇市场距离	实际调查数据/km	12.444	16.123	12.371	7.694	0.000
海拔高度	实际调查数据/m	1 153	1 339	1 153	933	0.000

三、保护区建立对生态福利的影响及变化

自然保护区建立对农户生态福利实现影响的处理效应如表 4-3 所示，可以发现，自然保护区的建立不仅对区内社区农户生态福利的实现产生影响并且产生了正向的溢出效应，对保护区周边社区也产生了显著影响。具体的，从处理组平均处理效应看，建立自然保护区对保护区内社区生态福利产生了正向影响，但不显著。对社区调节功能福利实现以及文化功能福利实现产生了正向显著影响，能显著增加被调查社区农户家庭调节功能福利，增加了 55%。同时显著增加了文化功能福利，增加了 97%。然而建立自然保护区对社区农户供给功能福利实现产生了

负向显著影响，减少了 24%。建立自然保护区对保护区周边社区产生了溢出效应，建立自然保护区显著增加了周边社区家庭的总生态福利，显著增加了 32%。对社区的调节功能福利和文化功能福利产生了正向显著影响，分别显著增加了 53% 和 126%。此外，建立自然保护区对周边社区供给功能福利产生了负向影响，但不显著。

表 4-3 自然保护区建立对农户生态福利实现的影响

单位：元

处理组平均处理效应	直接影响 区内 VS 区外（*ATT*）			间接影响 周边 VS 区外（*ATT*）		
	系数	*Z* 值	变化率	系数	*Z* 值	变化率
供给功能福利	−755*	−1.81	−24%	−218	−0.62	−7%
调节功能福利	521***	3.48	55%	507***	3.74	53%
文化功能福利	1 057*	1.67	97%	1 382*	1.70	126%
生态福利	823	1.01	16%	1 671**	1.96	32%

注：区内 VS 区外表示直接影响的处理组是区内社区农户，控制组是区外社区农户；周边 VS 区外表示间接影响的处理组是周边社区农户，控制组是区外社区农户。变化率的计算来源于 *ATT* 除以区外社区农户福利平均值。限于篇幅只列出系数和 *Z* 值，同时只列出了总体处理组平均处理效应，样本处理组平均处理效应与总体一致。***表示在 1%置信水平上显著，**表示在 5%置信水平上显著，*表示在 10%置信水平上显著。

可以发现，生态旅游的收益大部分被区内和周边社区获得，主要得益于自然保护区建立后生态旅游的发展，社区文化功能福利的增幅最多，尤其是周边社区，周边社区虽然生态环境和自然景观不如区内社区，但交通区位更好且相比于区外社区距离旅游景观地近，社区更容易从旅游业中获益。自然保护区的建立增加了野生动物肇事，造成区内和周边社区供给功能福利的减少，尤其是显著减少了区内社区的供给功能福利。同时区内和周边社区的生态补偿力度更大，主要在天然林保护工程参与上获益。综合来看，周边社区的生态福利得到显著的提升，主要原因在于周边社区享受到了生态保护带来的补偿以及文化功能福利，而保护成本大多被区内社区承担，周边社区承担得较少。

第五节 本章小结

本章基于 2018 年陕西秦岭 7 个自然保护区社区的调查数据，首先从理论上探讨了生物多样性保护与社区生态福利实现的关系，建立自然保护区是就地保护生物多样性最有效的方式之一。保护区限制了社区对自然资源的直接利用，包括林木采伐、薪柴采集、非木质林产品采集等，然而建立自然保护区使得社区周边景观和物种资源更加丰富，为发展生态旅游提供了得天独厚的条件，同时也带来了更多的生态补偿。基于此开展了实证分析，对社区进行了三区的划分，并对社区生态福利实现程度进行测度和比较，发现生态福利是农户收入来源的重要组成部分，尤其对保护区内和周边社区的收入贡献超过 50%。在生态福利的组成部分中，供给功能福利占比最多，其次是文化功能福利，调节功能福利占比最少。而三区生态福利实现程度存在显著性差异，在供给功能福利实现程度上，保护区外社区显著大于周边以及区内社区；而在调节功能福利实现程度上，保护区内社区显著大于周边和区外社区；在文化功能福利实现程度上，保护区周边社区显著大于区内及区外社区。

在此基础上，对三区社区农户家庭社会经济和区位特征进行比较，发现三区社区家庭在区位特征上存在显著性差异，而在社会经济特征上大多不存在显著性差异，即在林地面积、与镇市场距离、户主受教育程度、海拔高度、劳动力上存在显著性差异，在户主年龄、户主性别、是否为村干部、自评身体状况、家庭常住人口、耕地面积上不存在显著性差异，因而三区农户在资源禀赋和区位特征上存在异质性。据此采用偏差校正匹配估计量法分析可观测的异质性影响因素，分别测度建立自然保护区对区内社区和周边社区生态福利的实现程度，结果表明，建立自然保护区并未显著增加保护区内农户生态福利实现，但是显著增加了保护区周边社区生态福利实现。

以往自然保护区建立对社区生计影响的研究中，大多研究结果表明建立自然保护区对社区收入、贫困程度等产生负向影响（Duan et al.，2017a；Vedeld et al.，2012；Coad et al.，2008；Sherbinin，2008；Cernea et al.，2006；Adams et al.，2004；Ferraro，2002）。近年来也有研究证实建立自然保护区对农户生计提升有正向效果（Ma et al.，2019；Roe et al.，2013；Andam et al.，2010）。然而现有研究大多只对生计结果进行关注，忽视了建立自然保护区对生计结果的影响机制。为此本章首先从生计结果的影响机制——生态福利实现入手，进而探讨生计结果的影响路径。

通过对自然保护区内、周边以及区外三区的分析，发现自然保护政策的生计效果效应产生了正向溢出。随着城镇化进程加快、天然林保护和退耕还林等一系列生态工程的实施，以及生态扶贫措施的提出，社区获得的生态补偿金额越来越多，社区对保护区内的自然资源依赖越来越小。随着生态保护效果越来越好以及城市居民对生态旅游的需求越来越高，在开展生态旅游的保护区周边，农户获得的文化功能福利越来越高。但随着生物多样性保护效果越来越好，野生动物数量越来越多，农林业生产同样受到负向影响。现有的野生动物肇事补偿机制并不完善，农户对野生动物（如野猪、狗熊、猴）肇事并未采取有效的防护措施，尤其是靠近林地的部分农地存在抛荒现象。这种现象在保护区内的社区比较多见，保护区周边社区受到的影响不大。

另外，建立自然保护区产生的成本和收益分配不均，以往研究表明自然保护区建立的效益在区域乃至整个国家内分配，而保护成本大多由社区承担（Schley et al.，2008），在社区层面也存在成本收益分配不均的现象。保护区周边社区分享了自然保护区建立的大部分收益，主要是文化功能福利，而未承担过多的保护成本。自然保护区建立的保护成本大多由保护区内社区承担。虽然保护区内社区的调节功能福利实现程度更高，但显然相比于保护成本来说仍然不够平衡，因而需要进一步加大保护区内社区的生态补偿力度。

同时项目组在2015—2017年对陕西秦岭社区进行跟踪调查时发现，自然保护区对社区的负向生计效果不断减弱，尤其在发展生态旅游的保护区周边社区，产生了显著的减贫效果，从生态福利视角进一步解释了建立自然保护区的减贫效应机制，同时探索出当前减贫路径可以优化的方向。虽然调节功能福利和文化功能福利在生态系统提供的福利中占比增加，且自然保护区的建立也显著提升了社区调节功能和文化功能福利的实现，但是供给功能福利仍然是生态福利实现的主要组成部分，农户调节功能和文化功能福利实现仍然存在巨大的提升空间。调节功能福利和文化功能福利的实现作为可持续利用生态系统的重要手段之一，在协调保护与发展矛盾冲突中扮演重要作用。保护政策需要进一步聚焦农户调节功能和文化功能福利实现，进而减轻农户对供给功能福利实现的依赖。

在新的时期大熊猫国家公园建立的背景下，自然保护地范围内的社区和农户数量进一步加大，社区在生物多样性保护中扮演的角色越来越重要，如何使社区通过生态福利获益进而参与保护，实现可持续的生计和资源保护，是当前保护政策需要改进和优化的方向。为此基于本研究，本章提出以下建议。

第一，加大生态补偿力度。进一步加大生态公益林补偿额度和补偿范围，同时进一步巩固保护区周边退耕还林的成果，构建长效机制。对于保护区内及周边社区，降低退耕还林准入门槛，充分考虑现有保护区周边野生动物肇事损失以及周边社区农林地的生态重要性，对有意愿参与退耕还林的农户给予政策倾斜。

第二，保障社区在生态旅游参与中的收益。政府应该充分考虑在资源商业性开发利用过程中存在社区与开发部门的矛盾关系，通过制度设计和政策制定将社区利益体现在开发商资源开发的合约中，并将社区利益作为资源开发的重要条件，以资源开发模式带动扶贫，创造“双赢”的局面。需要注意的是，生态旅游的开发虽然能够起到有效减贫的作用，但现有的生态旅游的直接收益大部分集中在少数人手中，大多数农户无法有效参与生态旅游经营并获取收益。在秦岭周边进行生态旅游开展的区域，社区贫富差距进一步扩大（Ma et al.，2019）。因而生态旅游的开展需要社区参与保障机制，保证农户尤其是贫困户的参与和获益。同时生态旅游对生物多样性保护的负面影响不可忽视，需要政府构建有效的监督机制。

第三，基于自然保护区建立的成本与收益在社区分配不均情况，保护区周边由于保护强度较低、保护限制较少，充分享受到了保护带来的效益；而区内虽然保护效果最好，但是保护限制政策大多作用于区内社区，使得区内社区承担了保护的大部分成本。因此，一方面需要加大区内社区的生态补偿力度，另一方面在生态岗位（护林员等）以及生态旅游开发带来的就业岗位上需要重点考虑区内社区的参与和获益，确保保护成本和收益分配均匀。

第五章　生物多样性保护政策效果分析：生态与生计效果评估及溢出

第一节　引　言

建立自然保护区是就地保护生物多样性最有效的手段之一。截至 2018 年年底，我国建立各种类型、不同级别的自然保护区共 2 750 个，总面积达 14 717 万 hm^2（生态环境部，2019）。改革开放 40 多年来，我国自然保护区建设与管理发展迅速，已经取得了一定的成就：建立了较为完善的管理体制和运行机制；自然保护区类型多样化，就地保护了我国 85%的陆地生态系统类型和 85%的国家重点保护野生动植物种群（王昌海，2018）。然而现有的自然保护区管理同时面临多头管理、条块分割、保护与区域发展矛盾等问题。虽然党的十九大后，国家提出建立以国家公园为主体的自然保护地体系，进一步整合现有的自然保护地，有效解决了多头管理、栖息地破碎化等问题，但是保护与发展的矛盾仍然严峻。如何解决自然保护与区域发展的矛盾成为当前研究的热点与难点。评估现有的自然保护区的保护政策效果将有助于发现当前保护政策存在的问题，对缓解保护与发展矛盾、优化保护政策具有重要意义。

国内外学者在评估自然保护区建立的效果方面展开了大量的研究，在保护与发展矛盾效果解决方面的评估主要集中在社会效应的影响上，即对自然保护区周边社区生计状况以及自然保护区建立对社区收入、生计、贫困以及福祉等方面进行研究。我国自然保护区与少数民族地区和贫困区域高度重合（胡英姿，2011）。大量农户家庭居住在保护区内及周边，这部分农户大多数生活水平较低、处于贫困线以下（Vedeld et al.，2012）。社区保护效益与所承担的保护成本不匹配是保护对社区贫困产生影响的根源，有观点认为自然保护区与减贫实现无法协调，原因在于两者的目标不一致（Adams et al.，2004）。已有研究表明建立自然保护区会增加社区贫困程度（Duan et al.，2017a；Brockington et al.，2015；Vedeld et al.，2012；Coad et al.，2008；Sherbinin，2008；Cernea et al.，2006；Adams et al.，2004；Ferraro，2002），社区贫困加剧的原因在于保护对社区发展产生的负面影响，周边社区在保护过程中处于弱势地位。建立自然保护区的首要目标是保护，但问题在于现有的保护政策没有充分考虑周边社区的需求而过多地强调自然保护（Wang et al.，2009），如实施了退耕还林、天然林保护、保护区工程等生态工程造成社区农户失地严重（宋文飞等，2015），保护区资源利用受到限制（段伟等，2015、2016）。此外，野生动物肇事损失成为社区在生物多样性保护中的主要直接成本，是保护与发展的矛盾焦点（侯一蕾等，2012）。也有部分学者认为建立自然保护区对社区贫困不会产生影响（Miranda et al.，2015；Clements et al.，2014；Canavire et al.，2013）。社区在承担成本的同时也获得了一定的效益，主要有生态补偿、保护区的雇佣工作收入（如从事护林员、向导等工作）、生态旅游收入、保护区发展项目收益以及合理采集保护区资源的收益（马奔等，2016a；Karanth，et al.，2012；Mackenzie，2012；温亚利，2003）；还有很多间接效益，如改善社区环境、改善基础设施、带动地方就业等（王昌海等，2012；Coad et al.，2008），效益在一定程度上缓解了保护区与社区之间的矛盾。建立自然保护区对缓解贫困的正向效应也得到部分学者的认可（Roe et al.，2013；Andam et al.，2010），一方面这得益于社会经济发展促使农户对自然资源的依赖大大减少，另一方面保护主管部门重视社区共管工作，开展生态旅游活动以及一系列发展项目，吸引了更多社会关注及政府的优惠政策（Bennett et al.，2012）。Andam 等（2010）研究发现在哥斯达黎加，建于 1980 年的自然保护地对社区产生了 10%的减贫效果。在我国，随着社会经济的发展以及城镇化进程的加快，社区对传统自然资源的依赖越来越小，保护限制政策对社区的负面影响越来越小，同时随着生态保护效果越来越好以及国家对生态保护日益重视，生态旅游、生态补偿以及生态岗位成为社区非农收入的重要来源。在开展生态旅游的保护区周边，保护政策的减贫效应显著（Ma et al.，2019；Ferraro et al.，2014；Job et al.，2013；Sirivongs et al.，2012；Barkin，2003）。可以发现，现有社区视角下的研究主要针对自然保护地建立产生的生计效果，尤其关注了自然保护区建立和贫困的关系。然而作为自然保护区管理的主体，鲜有从社区视角评估保护生态效果的研究，尤其从社区层面评估自然保护区建立产生的生态和生计效果关系的研究更为缺乏。

自然保护区建立的生态效果也引起了学者的关注，研究主要集中在森林植被覆盖、碳汇、栖息地质量等方面。Pimbert 等（1997）发现自然保护区对生物多样性保护有重要作用，原因在于其保障了生物多样性丰富地区的土地免予转换成其他类型（农业、工业等）土地，提升了土地利用率。Liu 等（2001）采用遥感数据对比了卧龙自然保护区建立前后的栖息地破碎化程度和质量，发现保护区的建立并未显著阻止栖息地的破碎化进程并提高栖息地质量。Andam 等（2008）采用匹配法基于建立保护区内外森林样地和社区农户的调查数据进行研究，研究表明哥斯达黎加自然保护地建设减少了毁林和社区贫困。

此外，现有的研究大部分关注政策实施区域的影响，很少关注政策实施区域之外的影响以及可能产生的意想不到的结果（Dou，2018）。目前对保护政策的评价大部分集中在政策实施领域的生态或生计效果上，这些政策影响可能会有溢出效应，而这部分对政策实施的相邻或远距离区域的影响很少被考虑到，如生态环境的压力可能会产生位移。忽视溢出效应可能会使政策实施效果的有效性评价产生偏差，因为在实施区域外的隐藏成本可能会抵消实施区域内已经取得的成果（Liu et al.，2018a）。政策的溢出效应是指政策在实施区域、实施对象、实施目标之外产生的影响，我们需要加强政策的正向溢出效应，减弱或消除负向的溢出效应。

目前学者们逐渐认识到关注政策的溢出效应是政策优化的重要方向，并存在很多成功的尝试。Dou 等（2018）研究亚马孙森林保护政策对亚马孙周边区域塞拉多森林砍伐的影响，研究表明为了保护亚马孙原始森林而发布的两项供应链协议使亚马孙河的原始森林从 2000 年到 2015 年砍伐量减少了 80%，但是导致亚马孙河周边区域塞拉多的托坎廷斯森林砍伐量增加了 6.6 倍。Zhu 等（2004）研究发现中国森林植被快速恢复的驱动因素是大量进口亚太地区的木材，但是这一定程度也导致了这些出口国家的森林砍伐现象加重。随着人口的增加以及对资源需求的不断增多，中国想要实现森林资源可持续发展，需要不断依赖周边出口国家的森林资源。如果不能有效地解决林产品贸易对周边国家森林保护产生的负向溢出效应，中国的森林资源不会得到可持续发展（Liu et al.，2018b）。因而，如果不能消除保护政策的负向效应，政策将不会实现可持续。Yang 等（2018a）在研究生物多样性保护地区的退耕还林和天然林保护政策时发现，这两项政策虽然对生物多样性保护和植被恢复产生了积极的影响，但是对周边社区产生了负向溢出效应，这两项保护政策造成了野生动物肇事强度增加。森林植被的恢复也更加有利于社区对薪柴资源的使用，会增加社区对薪柴的消耗（Liu et al.，2007）。然而，政策的溢出效应并不都是负向的，也存在很多正向的溢出效应。Liu 等（2015）研究发现大熊猫自然保护区的建立使大熊猫种群数量恢复和栖息地环境不断改善，也带动了周边区域生态旅游业的发展，拉动了地方经济，提高了周边社区收入。关注政策实施的溢出效应是政策优化的重要方向，本章在生物多样性保护政策的生态和生计效果评价的基础上，对政策的溢出效应进行分析。

自然保护地和周边社区构成了复杂的人与自然耦合系统，现有对人与自然耦合系统的研究大多只关注环境或社会经济单方面的影响，很少有同时考虑环境和社会经济影响的研究（Liu et al.，2007）。随着保护面积的扩大以及人口数量的不断增加，人与自然的耦合强度越来越大，保护与发展的矛盾也会加深，仅仅关注自然保护区建立的生态或生计效果往往会顾此失彼，因而需要从生态和生计协调的视角评估自然保护区建立的影响，从而实现保护与发展“双赢”的局面。

本章的研究目标主要是从社区视角对当前自然保护区建立的生态和生计效果进行评价。在评价的基础上，探讨保护政策效果的溢出效应。保护区建立产生了新的区位。保护区的分布不是随机的，这就带来了样本选择偏误的问题。因此，采用匹配估计量法模拟随机试验过程，主要分为保护区内和外围农户的匹配、保护区内和保护区周边的匹配以及保护区周边和外围农户的匹配三种匹配类型，通过三区的设置可以全面了解自然保护区建立是否产生有效的保护效果，以此了解保护区建设对保护政策效果的影响机理及溢出效应。保护政策效果评价及溢出效应分析为政策优化提供方向，也为分析农户福利对政策效果的影响机制奠定基础。

基于农户生态福利的生物多样性保护政策效果评价及影响机理是当前政策和制度分析的重要研究视角。随着国家对生态文明建设的日益重视和深入，尤其在“绿水青山就是金山银山”的理念指导下，自然保护区建设受到进一步关注。大熊猫国家公园的建立将使更多的人口、县域纳入保护地范围。传统的自然资源利用行为，如采石、挖矿、放牧、采药等行为将被进一步限制或禁止，而以社区为基础的生态旅游作为重要的可持续方式将成为协调保护与发展的重要手段并得到进一步推广。当前在大熊猫栖息地周边开展的生态旅游是否实现了资源保护和生计提升的"双赢"目标还需进一步验证。如果实现"双赢"，那么实现路径是怎样的？如果需要权衡，那么未来的发展应该如何进行才能实现"双赢"？当前的发展现状如何？这些问题的解决对于未来区域保护政策优化以及当前的发展政策调整都有重要的理论与现实意义。

第二节 数据来源与研究方法

一、数据来源

本章数据来源于2018年7—12月课题组对陕西秦岭自然保护区周边社区的调查。共收集问卷650份。其中，老县城保护区有72户，周至保护区有180户，黄柏塬保护区有69户，太白牛尾河保护区有71户，长青保护区有75户，佛坪保护区有81户，皇冠山保护区有102户。剔除数据缺失严重的问卷，共收集到有效问卷618份。

二、研究方法

政策效果的衰减和影响路径识别是保护政策需要重点解决的难题。简单比较三区农户生态福利以及政策效果并不能准确反映保护区建立的影响，因为三区农户在家庭区位条件、资源禀赋、社会资本、发展能力水平等方面存在异质性，而这部分差异性并不是完全由保护区建立引起的。在理想条件下，准确测度保护区建立对生态福利以及政策效果影响的方法是比较同一个家庭在保护区建立前后的生态福利及政策效果，但显然在同一个观察时点上，这两个结果无法同时观测。只能观测已经居住在保护区内的家庭结果（事实结果），而无法观测已经居住于保护区内的家庭在未居住于保护区内时的结果（反事实结果）。鉴于此，利用匹配法可以将观测数据近似为实验数据来处理这种反事实结果缺失的问题。

居住在保护区三区的社区家庭并不是自己选择的结果，也不是随机分布的。因此，采用匹配估计量方法，在尽量少的主观决定基础上完成匹配，同时，使用偏差校正匹配估计量的方法消除简单匹配仍存在的部分偏差。

第三节　生物多样性保护政策效果评价及影响机理

一、自然保护区建立的生态与生计效果现状

自然保护区的保护现状是分析保护政策评价的基础，具体保护政策的生态和生计效果现状如表 5-1 所示。从生态效果看，建立自然保护区并实施一系列保护政策取得了显著的效果，陕西自然保护区被调查社区家庭整体自然资源利用程度较低，户均薪柴采集数量为 2.47 t/a，而放牧数量只有 1.73 头/a，户均野生植物采集数量约为 3 kg/a，而砍竹以及竹笋收入仅为 89.8 元/a。除了薪柴采集数量外，其余资源利用状况都大大减轻，一方面这得益于当前自然保护区保护政策的限制，另一方面当前非农就业转移使社区对资源的依赖越来越小。虽然社区对自然资源的依赖程度很低，但是在三区社区资源利用程度上仍然存在显著性差异，主要表现在薪柴采集上。区内社区家庭薪柴采集以及野生植物采集数量最多，区外家庭的放牧数量最多。在保护行为参与上，社区整体保护行为参与频次较高，家庭平均每年参与保护区宣传教育、管理等活动 4.24 次，救助野生动物植物（包括参与保护区和村里组织的救助、向上级部门反映野生动植物保护问题以及巡护过程中的直接救助）达 0.533 次/a，平均每年家庭林地巡护 15.7 次。在保护行为参与频次上，三区社区存在显著性差异，自然保护区区内社区家庭参与保护活动的频次显著高于周边社区，而周边社区显著高于区外。

表 5-1　保护政策生态与生计效果现状

评价指标	测量标准	总样本	区内	周边	区外	显著性检验
生态效果						
自然资源利用						
户均薪柴采集数量	t/a	2.47	2.80	2.41	2.14	0.001
户均放牧数量	头/a	1.73	1.41	1.82	1.96	0.861
户均野生植物采集数量	kg/a	3.07	3.75	3.18	1.90	0.880
户均砍竹及竹笋收入	元/a	89.8	85.9	92.6	89.1	0.870

评价指标	测量标准	总样本	区内	周边	区外	显著性检验
保护行为参与						
保护区宣传教育、管理等管理活动	次/a	4.24	5.30	4.16	3.00	0.001
救助野生动植物	次/a	0.533	0.665	0.524	0.377	0.076
林地巡护	次/a	15.7	19.9	15.2	11.1	0.100
生计效果						
人均纯收入	元/a	12 226.2	11 585.2	12 591.3	12 297.7	0.270
多维贫困状况	多维贫困指标评价值	0.201	0.223	0.186	0.202	0.185
福祉	1～5 表示非常不满意到非常满意	2.83	2.65	3.00	2.70	0.000

注：多维贫困测度采用综合指标评价法，选取收入、健康、教育等指标构建多维贫困评价指标体系，并进行综合评价，具体指标体系及评价方法见附录 B。由于方差分析的等方差假定或正态性假定通常难以达到，因而采用基于秩的非参数检验中的 Kruskal-Walls 秩和检验来比较三区生态和生计效果差异性。下同。

在社区家庭生计现状上，社区家庭人均纯收入为 12 226.2 元，同年度陕西农村居民人均可支配收入达 10 265 元。虽然自然保护区内及周边社区大多位于交通不便、市场化程度低的偏远地区，但被调查的大熊猫保护区周边大多发展生态旅游，同时国家加大了扶贫力度，因而总体经济水平不断提高。随着精准扶贫的进一步推进，低收入农户的收入水平大大提高，通过旅游合作社、种养殖合作社等形式，贫困农户也能从生态旅游发展以及电商发展中获得收益。同时随着生态扶贫成为脱贫攻坚的重要举措被提出，自然保护区（尤其是保护区内）社区生态补偿范围以及力度进一步加大，社区收入差距逐渐缩小。三区社区家庭人均纯收入不存在显著性差异，保护区周边农户家庭人均纯收入最高，其次是保护区外农户，保护区内农户家庭人均纯收入最低。在福祉水平上，三区农户存在显著性差异，体现在保护区周边社区福祉水平最高，而保护区外和保护区内福祉水平相近。在多维贫困水平上三区不存在显著性差异，反映了当前精准扶贫的成效。

二、自然保护区建立对生态与生计的影响

在社区视角下对保护政策的生态和生计效果评价的基础上，本章将对自然保护区建立的生态和生计机理进行分析。考虑到自然保护区建立对周边社区产生的

溢出效应，因而将自然保护区分为三区，分别将保护区内社区以及保护区周边社区作为实验组，而保护区外社区作为控制组进行匹配，分析保护区建立对政策效果的影响机理，具体如表 5-2 所示。

表 5-2　自然保护区建立的生态和生计效果评估

处理组平均处理效应	直接效应 区内和区外（*ATT*）			溢出效应 周边和区外（*ATT*）		
	系数	*Z* 值	变化率	系数	*Z* 值	变化率
生态效果						
薪柴采集	1.57***	5.71	73%	0.32	1.17	15%
放牧	−1.70**	−2.01	−87%	−1.56**	−2.12	−80%
野生植物采集	1.12	0.72	59%	−0.31	−0.24	−16%
砍竹及竹笋	−105.9*	−1.73	−119%	−39.5	−0.84	−44%
保护区宣传教育活动	2.65***	3.98	88%	0.42	0.69	14%
救助野生动物	0.34**	2.43	90%	0.18*	1.76	49%
林地巡护	6.46**	2.11	58%	3.67*	1.82	33%
生计效果						
人均纯收入	1 092	0.69	9%	2 497*	1.75	20%
多维贫困状况	−0.023	−0.86	−11%	−0.044**	−2.02	−22%
福祉	0.071	0.65	3%	0.320***	3.16	12%

注：直接效应测算的处理组是区内社区农户，控制组是区外社区农户。限于篇幅只列出系数和 *Z* 值，同时只列出了总体处理组平均处理效应（PATT），样本处理组平均处理效应（SATT）与总体一致。变化率的计算来源于 *ATT* 除以区外社区农户平均值。***表示在 1%置信水平上显著，**表示在 5%置信水平上显著，*表示在 10%置信水平上显著。

在生态效果上，自然保护区建立产生了显著的正向生态效应。从处理组平均处理效应来看，自然保护区建立显著减少了区内社区对自然资源的利用。具体的，在 5%置信水平上显著减少保护区内社区放牧数量，平均每户减少了 1.7 头，减少了 87%，在 10%置信水平上显著减少了砍竹和竹笋活动；同时在 1%置信水平上显著增加了农户参与自然保护区宣传教育活动的次数，平均每户增加 2.65 次；在 5%置信水平上显著增加了农户参与野生动植物救助活动和林地巡护行为。然而自然保护区的建立却在 1%置信水平上对农户的薪柴使用产生了正向的影响，增加了 73%。原因可能在于虽然从总量上看，随着劳动力外流以及替代能源的出现，社区对薪柴的依赖越来越小，但是自然保护区的建立伴随着天然林保护以及退耕还林工程的实施，森林保护、植被恢复越来越好，使得农户对薪柴的获取更加容易，薪柴资源也更加丰富。在调研过程中发现，自然保护区管理机构对区内农户的薪柴使用并未进行明显限制，因而保护区的建立增加了区内社区对薪柴的消耗。自然保护区对周边社区农户生态保护行为产生了积极的影响，从处理组平均处理效应看，自然保护区的建立在5%置信水平上显著减少了社区放牧数量，同时没有显著增加周边社区对薪柴、野生植物以及砍竹及竹笋等自然资源的消耗。在保护活动参与上，自然保护区建立对农户参与林地巡护以及野生动植物救助均有正向显著影响。

在生计效果影响方面，自然保护区的建立对区内和周边社区产生了不同的影响。对于区内社区，自然保护区对区内农户的生计并未产生显著影响，其增加了社区人均纯收入，对福祉有一定提升，并且产生了正向的减贫效应，但都不显著。即使自然保护区面积进一步扩大，将被调查的保护区外社区纳入保护范围，也不会对社区生计产生显著影响。原因在于虽然自然保护政策在一定程度上限制了社区对自然资源的利用并造成野生动物肇事等损失，但同时增加了生态补偿力度、改善了基础设施，以及生态旅游的开展提供了非农就业机会。自然保护区的建立显著增加了周边社区的生计水平，在10%置信水平上显著增加了家庭人均纯收入（增加了 20%）。在 5%置信水平上显著减轻了多维贫困现状。相比区外现有的贫困状况，自然保护区的建立贡献了 22%的减贫作用。自然保护区的建立在 1%置信水平上显著增加了社区福祉（提升了 12%的福祉）。主要原因在于一方面保护区周边生态旅游开展带动了社区发展和基础设施改善；另一方面，国家精准扶贫战略的大力提出，促使保护区管理人员也纷纷投入到减贫中，通过一对一结对帮扶等形式带动社区发展，这部分管理人员不仅了解社区发展情况，同时对社区资源、乡土人情也都有清晰的认识，通过提供生态岗位和生态补偿、参与旅游开发等形式达到了有效减贫的效果。因而社区工作应该成为保护区管理部门的重要工作内容之一，保护目标应该和区域发展目标融合，生物多样性保护政策和区域发展政策应该相辅相成，达到协同的效果。

第四节　本章小结

一、研究结论

本章从社区视角构建保护政策生态与生计效果评价的指标体系，并对当前的保护政策效果进行评价，结果表明经过 60 多年的发展，自然保护区在协调社区保护与发展方面取得了丰富的成果，积累了富有中国特色的经验。尤其在社区自然资源利用上，秦岭大熊猫保护区社区对自然资源依赖越来越小，而生物多样性保护活动参与的积极性（包括保护区管理活动、救助野生动植物以及林地巡护）越来越高。在生计方面，在城镇化和精准扶贫的背景下，自生态扶贫作为重要的扶贫举措被提出和实施以来，生态补偿、生态旅游、生态移民等提升民生的项目在自然保护区内及周边实施，对提升社区收入和福祉、减轻贫困有重要作用。在对保护区内、周边以及保护区外三区生计水平差异性进行分析时发现，三区社区在人均纯收入、多维贫困状况以及福祉水平方面都不存在显著性差异。

在此基础上，采用偏差校正匹配估计量对自然保护区建立的生态和生计效果影响机理进行分析，结果表明，自然保护区的建立取得了显著的正向生态保护效果，尤其是在区内社区上，显著减少了自然资源利用并促进了保护参与行为，其显著减少了保护区内及周边社区的放牧行为，并显著增加了区内及周边社区救助野生动植物参与频次和促进林地巡护行为。自然保护区建立对社区生计提升也有正向作用，尤其是在保护区周边社区上，其对保护区内社区人均纯收入、减贫效果以及福祉提升均产生正向作用，但并不显著。相比于以往在该研究区域的实证研究结果，即从自然保护区建立对收入和贫困的负向显著影响来看（段伟，2016），自然保护区对区内社区的生计影响有所改善。同时自然保护区的建立对周边社区的生计起到了显著的正向提升作用，显著提升了人均纯收入以及福祉，并具有显著的减贫效应。这说明自然保护区的建立对周边社区生计和生态产生了正向的溢出效应。

二、讨论

本章从实证角度证实了自然保护区建立不仅起到了有效的生态保护作用，同时对生计的正向效应也在不断加强。虽然现有保护政策对保护区内社区的正向效应并不显著，但相比于以往该区域的研究，即相比于自然保护区建立加剧贫困和减少收入来说，自然保护区建立的正向生计效应正在不断凸显。这一方面得益于国家对生态扶贫的重视，在新的时期，自然保护区建立的目标不仅仅是保护生物多样性，同时提升周边社区生计水平、减轻贫困也是保护管理机构的重要工作。通过社区参与生物多样性保护工作进而从保护中获益，实现保护与发展相协调已成为保护政策的重要目标。以往研究表明，生物多样性保护与减贫无法同时实现的原因在于两者的目标不一致（Adams et al.，2004）。因而如何有效协调保护与发展的矛盾冲突，首先保护政策目标不能是单一的，在政策设计时需要明确政策目标的多重性，不仅要考虑生态效果，同时生计效果也应该是政策实施的重要目标。

虽然自然保护区建立取得了显著的生态效果，对社区生计的提升也在不断加强，但同时应该看到保护政策也产生了一定的负向生态效果，具体表现在社区对薪柴资源的消耗上，尤其是保护区内社区。薪柴采集不仅会影响森林生长，同时对大熊猫保护来说也是显著的人为干扰活动，会降低栖息地环境质量。然而薪柴采集作为社区传统的资源利用方式，是贫困农户重要的能源来源。作为农户在日常生活中频繁的资源利用行为，自然保护区管理人员很难采取监管措施与强制手段，这会造成保护与发展矛盾冲突的加剧，并且受限于过高的管理成本。因此，减少社区薪柴依赖需要农户自发改变能源利用方式。具体来说，保护管理机构可以帮助社区引进新的清洁能源，如沼气和太阳能，降低电价，从而减轻社区薪柴依赖。此外，自然保护区建设对周边社区产生了正向的生计溢出，显著提高了周边社区的收入。同时保护区建设也并未增加周边社区对自然资源的利用（包括薪柴），显著促进了周边社区的保护行为。秦岭大熊猫自然保护区内存在大量的原住民，在生态扶贫的背景下，政府开展了生态移民工作。不少居住于保护区内的农户被搬进乡镇和县城的集中居住地，这虽然改善了农户的住房和交通条件，但社区在生态移民中也承担了较大的经济成本，同时农民放弃了赖以生存的土地，无法实现可持续生计。本研究结果表明生态移民不一定将农户集中安置到城镇或县城中，可以将社区安置到保护区周边。这不仅可以减轻资源依赖，同时还能使得农户更好地获取生态系统提供的福利，并通过生态旅游、生态补偿以及生态岗位转变农户对资源的利用方式。原住居民对当地森林资源有丰富的管理经验和传统知识，可以通过一系列手段转变社区身份，从资源利用者转变为资源守护者，不仅能够降低政府生态移民成本，提高资源管理效率，也避免了农户因生态移民造成生计手段减少从而返贫的风险。

本研究进一步证实了保护与发展可以实现协调的观点。虽然保护和发展目标不一致，然而通过生态补偿、生态旅游等政策机制可以协调二者的目标。以往在发展中国家自然保护区建立对社区生计影响的研究中，自然保护区建设与管理更多扮演着限制社区发展以及加剧贫困的角色，然而在陕西大熊猫保护区，自然保护区的建立对社区生计和生态效果都起到了提升的作用，同时这种提升作用还在不断加大，证实了在协调保护与发展方面，中国自然保护区建设取得了显著效果并不断积累成功经验。秦岭地区大熊猫保护区经历了保护区成立初期保护与发展冲突严重的阶段，由于大多数社区经济贫困，对自然资源的依赖严重，包括能源、食物以及收入大部分来源于自然保护区内的自然资源，而这种利用方式是传统的靠山吃山的观念。在当时的背景下缺少替代生计来源其他方式，严格的保护政策与社区对自然资源的需求形成了严重的冲突。过往自然保护区建立的目标是抢救式保护，与发展目标冲突，因而保护区的建立限制了社区的发展，造成了贫困。随着社会经济发展以及城镇化进程加快，社区对自然资源的依赖逐渐减轻，同时非政府组织的介入不仅带来了资金，同时还带来了先进的社区管理经验。自然保护区管理机构也更加强调社区共管工作，使保护与发展的矛盾冲突不断减轻，自然保护区建立对社区的负面生计影响不断减少。不可否认由于保护区成立初期对社区产生负面影响，社区丧失了原始的资本积累，虽然替代生计来源方式变多，但是相比于保护区外的社区，保护区社区的贫困现象不仅多发而且常见。当时这种现象的显著改善始于新时期国家对减贫的高度重视，尤其是在将生态扶贫作为脱贫攻坚的重要手段被大力提出后，保护区内及周边贫困受到关注。生态补偿、生态移民、生态旅游以及生态岗位提供等生态扶贫措施得到大力推广与实施。虽然目前自然保护区周边贫困现象依旧存在，但是已经显著改善，而保护对社区的影响已经发生改变，其对社区的正向生计影响大于负面影响。伴随着新一轮退耕还林、野生动物肇事补偿等一系列生态补偿政策的完善，保护对社区的负面影响在不断减小。秦岭大熊猫自然保护区正在逐渐积累协调保护与发展的具有中国特色的成功经验。

自然保护区建立产生了正向的生态和生计溢出效果，在生态效果上，自然保护区建立显著减少了周边社区放牧行为，促进了保护行为，并未显著增加其他自然资源的消耗。在生计效果上，保护区建立显著增加了周边社区的人均纯收入，表明自然保护区的建立对周边区域产生了正向的溢出效应。周边社区享受到了保护与发展政策大部分的福利，未受到保护政策的严格限制。该研究结果对生态移民和生态补偿有如下政策启示：目前大部分生态移民将自然保护区内社区迁移到城镇中，在此过程中会造成社区失地化现象的发生且无法维持可持续生计，而本研究结果表明在保护区周边建立生态移民安置点对社区生计提升有显著效果，对生态保护不会产生显著负向影响；同时保护区周边安置使社区与农林土地距离不会太远，可以维持农户基本的生计需求和对故土的依恋需求，有利于社区参与保护，实现人与自然的协调共生；在生态补偿方面，政府需要对保护区内社区给予更大的生态补偿力度，包括扩大生态公益林补偿覆盖范围和提高补偿标准以及加强野生动物肇事补偿力度。

与保护区内社区产生的生态和生计效果相比，保护区周边明显更优。保护区内保护强度较高，受保护政策的严格限制，而周边保护强度较低。这反映出保护强度和保护政策效果之间并不是正向关联的，保护政策越严格，政策效果并不会越好。本研究通过依据位于自然保护区的地理位置，将社区划分为保护区内社区、保护区周边社区以及保护区外社区，三区的重要区别在于保护限制政策的作用强度不同，保护区内社区的保护强度最高，周边社区次之，区外社区最低。在生态福利实现以及生态和生计效果评价上，保护对周边社区产生了正向的生态和生计影响，实现了“双赢”，而对区内社区仅产生了正向的生态效果，生计效果不显著。反映出保护强度和政策效果之间的非线性关系，即适度的保护强度更加有利于实现生态和生计的协调，达到保护政策的生态和生计效果。

需要注意的是，虽然社区层面的保护与发展矛盾在不断化解，但是人与自然的冲突仍然存在，社区薪柴采集、放牧、开展生态旅游等一系列活动对大熊猫和栖息地保护的影响不可忽视，尤其是生态旅游、森林康养等新的自然资源利用方式，虽然提升了社区生计，减少了自然资源的直接利用，但是从区域生态保护视角，其产生的间接负面影响不可忽视。例如，不少生态旅游、森林康养的发展都要加大基础设施建设（如修路、人造景点等）力度；大多数游客选择自驾、飞机等交通方式，造成碳排放。碳排放是造成气候变化的主要因素之一，而气温上升会引起大熊猫栖息地里的竹子死亡，从而使野生大熊猫面临灭绝的危险（Tuanmu et al.，2013）。自然保护区建设与经济发展的矛盾已经开始发生转移，从社区发展与保护的矛盾转移到县域乃至省域经济发展与保护的矛盾，体现在开矿、旅游开发、公路、高铁建设等方面（He et al.，2019；Ma et al.，2018）。这些开发活动对区域经济发展有重要的推动作用，但是在气候变化、栖息地完整性等方面产生负面影响。如何减少气候变化对大熊猫保护的负面影响以及协调自然保护区建设与区域社会经济发展的关系是未来迫切需要解决的重点问题，也是未来研究的热点。

第六章　生态福利实现对生物多样性保护政策效果的影响：机理及路径

第一节　引　言

生物多样性保护政策效果评价是分析保护政策有效性的基础。虽然本研究采用匹配法对自然保护区建立的生态和生计效应的因果影响机理进行了分析，然而目前对自然保护区建立的因果关系测度无法有效识别政策的影响机制，从而无法有针对性地提出政策效果提升的路径。

在认识到农户生态福利实现和政策效果的影响机理后，基于生态福利实现的保护效果提升是本研究的核心，即如何实现农户生态福利提升和保护政策优化的“双赢”效果。为此本章从农户生态福利出发，构建福利对保护政策效果的关联机制。识别保护政策效果的影响机制是政策有效制定以及政策效果结果可归纳的关键。然而当前的研究大多只关注政策实施的结果，很少关注实施效果的影响路径（Yang，2018a；Ferraro et al.，2014），如自然保护区建立对社区减贫、收入以及福祉的影响（马奔等，2017；段伟，2016），自然保护区建立对主要保护物种栖息地以及土地利用类型的影响（Liu et al.，2002）。

虽然有学者对保护政策效果的影响机制进行了研究探索，然而研究大多关注保护政策生计效果的影响机制。例如，Yang 等（2018b）研究了生态服务功能补偿对社区社会经济效果的影响机制，研究发现自然保护区周边退耕还林、退耕还竹工程对非支付收入（从总收入中去除直接从生态补偿中获取的收入）的影响机制包括农作物生产、生态旅游参与以及劳动力转移；退耕还林和退耕还竹对非支付收入的直接影响不显著，但是退耕还林通过对农作物生产产生的负向影响进而影响非支付收入；退耕还竹在 10%显著性水平上对生态旅游参与产生正向影响，进而对非支付收入产生正向影响，同时在1%显著性水平上对农作物生产产生负向显著影响，进而对非支付收入产生负向影响；影响机制之间也存在相关关系，生态旅游参与对劳动力转移以及农作物生产均存在负向显著影响。Yang（2018a）分析了保护区周边农户非农收入变化的影响机制，除了出售农产品和实施生态补偿的收入来源以外，卧龙国家级自然保护区见证了一个转变：从农业收入为主的依赖转向以非农收入为主的依赖，这种转变通过两大作用机制，一是生态旅游，二是城镇化；同时分析了城镇化导致的劳动力外移对自然保护区生态保护的影响机制，包括减少农户对传统能源的需求以及干扰生态系统的活动，如薪柴采集以及野生植物采集。Ferraro等（2014）分析了自然保护区建立对贫困的因果影响机制，主要探讨了3种影响机制，包括生态旅游和生态休闲服务、其他生态功能服务（通过土地覆盖变化表示）以及基础设施建设，研究表明，虽然自然保护区建立减少了毁林并且增加了造林，但是这些土地变化并没有减少或加剧贫困；此外，自然保护区的建立没有改善基础设施建设，因而通过基础设施改善实现减贫的机制并不存在。自然保护区对生态旅游开展有正向影响，保护区周边生态旅游开展贡献了2/3的保护区减贫效应。关于保护政策效果机制的研究得到了学者的关注和重视，并取得了较好的政策效果。现有对保护政策生计效果影响机制的研究为保护政策优化提供了有力的借鉴。然而现有研究大多关注生态或生计效果，很少有同时对生态和生计效果的影响机制进行实证分析的。生态和生计效果间也可能存在相互影响关系。例如，Démurger等（2011）实证研究表明贫困会加剧对薪柴消耗的依赖，经济富裕程度对薪柴消耗产生负向显著影响。

已有研究对保护政策的生态和生计效果影响机制构建了理论分析框架，并从案例视角提供了研究借鉴。例如，在构建保护对社区贫困的影响机制中，构建了社区参与、基础设施建设和保护与发展冲突等影响机制；在分析保护对物种丰富度的影响机制中，构建了三层影响机制，包括修路、NGO投入以及生态旅游，即保护不仅通过影响道路建设改变经济回报，也会通过影响NGO投入改变人力和物质资本或迁移模式，同时影响生态旅游开展改变经济回报和迁移模式进而影响利益相关者的成本收益，而利益相关者的成本收益改变会影响栖息地使用和打猎进而会改变生态状况，最终对物种丰富程度产生影响（Ferraro et al.，2015a）。

政策影响机制的研究使政策制定和管理者对政策效果发生的原因有了更加清

晰的了解，从而在政策优化过程中做出正确的决策。因而对政策效果影响机制的研究成为当前的热点。虽然在保护政策效果影响机制分析上的实证研究还很缺乏，但已有学者构建了清晰的研究框架，这是本研究的基础和框架构建的重要参考。

第二节 理论分析与研究假设

本研究借鉴 Ferraro 等（2015a）构建的自然保护地的环境和社会效果影响机制理论框架，其对机制研究的基本概念、实证设计和分析方法做出了详尽的解释和定义。影响机制存在于政策的干预及其所带来的结果中，强调政策对结果的影响机制。因而对影响机制的定义依赖于干预和结果。本研究中政策干预指的是自然保护区的建立。自然保护区的建立是在社区形成之后开始的，在保护区建立前，农户就已经生活在这片区域，因而保护区的建立成为一种自上而下的政策干预，对农户的生产生活产生影响。结果是政策干预对农户形成的影响，包括生态和生计影响。在分析影响机制的过程中，不可忽视的是控制混合变量，混合变量是指同时对政策干预、影响机制以及政策结果产生影响的因素，会在政策干预对结果、机制的影响以及影响机制对政策结果的影响中造成干扰，因而在实证研究中需要加以控制。在本研究中，保护政策干预指建立自然保护区，而影响机制包括供给功能福利、文化功能福利以及调节功能福利。政策结果指生态和生计结果，本研究中采用多维贫困状况表示生计结果，采用农户保护态度表示生态结果。同时政策结果也存在影响关系，即贫困可能会对农户保护态度产生影响。混合变量包括户主受教育程度、户主年龄、家庭劳动力、海拔、与市场的距离、林地面积、农地面积。据此，构建分析框架，如图 6-1 所示。

第三章研究了对自然保护区建立对生态福利实现的影响机理，第四章分析了自然保护区建立对生态和生计效果的影响机理。因而本章聚焦生态福利实现对生态和生计效果的影响。虽然现有实证研究并未从生态福利视角分析其对政策效果的影响，然而从自然资源利用、生态补偿以及生态旅游等视角对贫困和社区保护态度开展的研究已有不少探索，这为本研究的研究假说的提出提供了依据。本研究的影响路径假说如图 6-1 所示。自然保护区的建立会对保护区内及周边社区农户供给功能福利、调节功能福利以及文化功能福利产生影响，同时会对保护态度和多维贫困产生影响；而供给功能福利、调节功能福利以及文化功能福利对多维贫困以及保护态度存在显著影响。混合变量包括区位条件、发展水平、家庭特征和资源禀赋，这些变量会对自然保护区建立、供给功能福利、调节功能福利、文化功能福利、保护态度、多维贫困同时产生影响，因而在分析中需要加以控制。

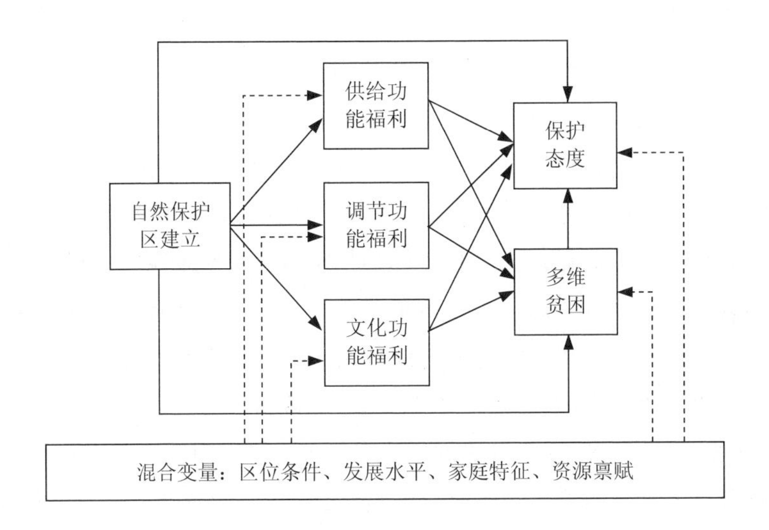

图 6-1　保护政策效果影响机制理论框架

研究框架中关于自然保护区建立对生态福利以及保护政策效果的影响路径都已经在第三、第四章得以证实，因而本章重点分析供给功能福利、调节功能福利以及文化功能福利对多维贫困和保护态度假说提出的依据。具体假说及依据如下。

假说一：供给功能福利对减少多维贫困有正向影响。供给功能福利是农户从自然资源中获得的直接收入，虽然自然资源收入对农户生计提升的实证研究在非洲、亚洲以及拉丁美洲都得到有力证实（Angelsen et al.，2014），然而关于自然资源是生计安全网（避免贫困农户陷入更深层次贫困）还是贫困陷阱（自然资源的劣商品属性使贫困农户保持贫困状态）的争论一直存在（Barbier，2010；Paumgarten，2005；McSweeney，2004；Angelsen et al.，2003；Pattanayak et al.，2001）。主要原因在于贫困农户对自然资源的高度依赖通常与资产贫困以及缺乏市场化有效途径关联（Barbier，2010），然而缺乏有效的市场化途径是外生的，使生计安全网的解释更加合理（Angelsen et al.，2014）。据此，本研究提出假说，供给功能福利对减少多维贫困有正向影响。

假说二：供给功能福利对保护态度有正向影响。供给功能福利的实现依赖于生态系统的完整性。供给功能福利越高，社区对生态系统的保护需求越大，而生态系统退化对供给功能福利高的农户的负面影响也越大，因而供给功能福利对农户保护态度产生正向影响。

假说三：调节功能福利对减少多维贫困有正向影响。调节功能福利是农户从生态补偿中获得的收益。这部分收益对贫困农户来说是重要的现金收入来源，一定程度上解决了自然资源劣商品属性的缺点。关于生态补偿项目对减贫的正向显著效应得到了学者的广泛认可。例如，王庶等（2017）采用 2006—2010 年国家统计局贫困监测调查数据评估了退耕还林的扶贫效应，发现项目的脱贫效果随贫困标准的不同而存在差异，总体脱贫效果显著。吴乐等（2018）评估了生态补偿对不同收入农户的扶贫效果，发现退耕还林对中高收入群体有显著正向影响，而公益岗位型间接补偿项目对低收入农户有较大影响，两者存在互补性。Duan 等（2015）发现退耕还林在短期内的减贫效应显著，但长期减贫效应并不明确，原因在于退耕还林并没有改变农户的收入结构。综上，生态补偿项目对减贫有正向显著影响。

假说四：调节功能福利对保护态度有正向影响。关于生态补偿项目对农户保护态度和行为的正向影响得到大多数学者的证实。郑季良等（2018）对昆明饮用水水源保护区实施生态补偿机制的效果进行客观评价，发现生态补偿能更好地激励村民实施生态保护。张文彬等（2018）以陕西省秦巴生物多样性生态功能区居民为例，对生态补偿政策和心理因素对居民生态保护意愿和行为的影响进行实证研究。结果表明，生态补偿政策、行为态度、主观范式和感知行为规范对居民生态保护意愿的影响显著为正向，生态保护意愿和生态补偿政策同样对生态保护行为产生显著的正向影响。生态补偿政策和心理变量会通过生态保护意愿对生态保护行为产生间接促进效应。因而从调节服务中获得的福利对农户保护态度有正向影响。Badola 等（2012）对印度东海岸农户参与红树林保护的态度进行分析，发现 REDD（减少砍伐和森林退化以降低温室气体排放）补偿项目对农户保护态度提升有正向提升作用。

假说五：文化功能福利对减少多维贫困有正向影响。文化功能福利是农户从事与生态旅游相关工作获得的收益。生态旅游的开展会改善当地的基础设施建设，社区参与生态旅游会显著提升家庭收入，尤其是非农收入的提高（马奔等，2016a）。生态旅游是协调保护与发展的重要机制，在保护区周边开展生态旅游具有显著的减贫效应（Ferraro et al.，2014；Job et al.，2013；Sirivongs et al.，2012；Barkin，2003）。Ferraro 等（2014）发现在自然保护区的减贫效应中，生态旅游开展贡献了 2/3。Ma 等（2019）通过对秦岭大熊猫保护区社区 2014—2016 年的调查，发现在保护区周边开展生态旅游对减贫有显著正向作用，其减贫效应不断加大。

假说六：文化功能福利对农户保护态度有正向影响。社区参与生态旅游经营会显著提升其保护意识（Masud et al.，2017；Higgins-Desbiolles，2009）。马奔等（2016b）基于对中国 7 个省份保护区周边社区的调查，发现保护收益感知对农户保护态度和生态保护行为有显著正向影响。在开展生态旅游的地区，农户收益感知强烈。Stem 等（2003）对哥斯达黎加社区参与生态旅游的影响进行分析，结果发现生态旅游的直接和间接收益都对社区保护认知和行为产生正向影响。

假说七：多维贫困对保护态度有负向影响。贫困是限制农户参与保护的重要制约因素，如果无法实现保护区社区脱贫，则生物多样性保护目标也无法实现（Adams et al.，2004）。保护限制了社区对自然资源的利用，而自然资源是贫困农户赖以生存的基础，因而大部分贫困农户不支持严格的自然保护措施。保护与发展矛盾产生的重要原因在于自然保护区的建立限制了社区的发展，尤其是对贫困农户生计水平的限制，大部分贫困农户对自然保护区建设管理不支持，其保护态度也不积极。

第三节　数据来源与研究方法

一、数据来源

本章数据来源于 2018 年 7—12 月课题组对陕西秦岭周至、长青、佛坪、皇冠山、太白牛尾河、老县城、黄柏塬等自然保护区周边社区的调查结果。调查者由 15 名富有调查经验的博士、硕士、高年级本科生以及保护区工作人员组成，在调查开始前，由问卷设计者对调查者进行了问卷内容培训，培训内容包括问卷设计目的、访谈技巧以及调查区域的社会经济发展情况。最终共收集社区调查问卷 650 份，剔除数据缺失严重的问卷，共收集有效问卷 618 份。

二、研究方法

本研究采用结构方程模型对农户生态福利实现、贫困和保护态度的假设关系进行验证。结构方程模型是一种建立、估计和检验因果关系模型的方法。一般线性回归模型在处理存在多个因变量且因变量存在相关关系的情况时，结果通常是有偏误的。结构方程模型不仅可以同时处理多个因变量，同时容许自变量和因变量存在测量误差，容许更大弹性的测量误差，在统计上是无偏的且被广泛应用于统计推断的相关研究中，尤其在影响路径分析上，达到很好的研究效果。

在本研究中，不存在潜变量，所有的变量都是可直接观测的显变量。因而主要采用结构方程模型进行影响路径分析，同时在做主要显变量（包括供给功能福利实现、调节功能福利实现、文化功能福利实现、贫困以及保护态度）的复杂线性关系时，对混合变量进行控制，主要混合变量包括区位条件、发展水平、家庭特征以及资源禀赋。主要显变量的影响路径关系框架如图 6-1 所示。

只有显变量的结构方程模型的一般表达式为

$$Y = BY + \Gamma X + \xi \tag{6-1}$$

式中，Y 表示模型的被解释变量，即内生变量，是 $p\times1$ 的向量。X 是模型的解释变量，即外生变量，由 $q\times1$ 的向量表示。ξ 是误差项，通过 $p\times1$ 的向量表示。B 是 $p\times p$ 的系数矩阵，表示内生变量对内生变量的影响效应。Γ 是 $p\times q$ 的系数矩阵，表示内生变量对外生变量的影响效应。p 是内生变量的数量，q 是外生变量的数量。由于内生变量中很多是分类变量，如保护态度，一般结构方程模型（Structural Equation Model，SEM）无法进行有效运算，因而，本研究采用广义结构方程模型（Generalized Structural Equation Model，GSEM）进行分析。

第四节　研究结果

生态福利实现对生计和生态效果的影响回归结果如表 6-1 所示。从生态福利实现对减贫的影响看，调节功能福利以及文化功能福利对减贫产生了正向影响，供给功能福利对减贫有负向影响，然而供给功能福利的影响效应并不显著，文化功能福利在1%显著性水平上具有显著的减贫效果，调节功能福利在10%显著性水平上有显著减贫效果。当前，在保护区域，农户从供给服务中获得的福利大多自用，而由于交通不便、规模化小，以及农林产品的劣商品属性，市场化程度很低。如果只发挥生态系统的供给功能福利，那么将有可能陷入贫困陷阱。而调节功能福利实现可以给社区带来稳定的收入，尤其是当前，在陕西保护地区，林业经营收益低、成本高。文化功能福利实现收益高，不仅能有效提高收入，生态旅游的开发还对社区交通、就业机会甚至住房都有显著改善。

表 6-1　生态福利实现对生计和生态效果的影响

自变量	因变量				
	保护态度	多维贫困	供给功能福利	调节功能福利	文化功能福利
供给功能福利/10^3元	0.081^{**} （0.033）	0.001 （0.002）			
调节功能服务/10^3元	0.116^{**} （0.052）	-0.007^{*} （0.004）			
文化功能服务/10^3元	0.022^{*} （0.013）	-0.005^{***} （0.001）			
多维贫困	-1.241^{**} （0.604）				
户主性别（1=男，0=女）	−0.139 （0.330）	0.032 （0.022）	-0.857^{**} （0.390）	0.076 （0.241）	0.751 （1.036）
户主受教育程度/a	0.022 （0.027）	-0.006^{***} （0.002）	−0.021 （0.033）	0.007 （0.020）	0.08 （0.088）
户主年龄/岁	0.008 （0.008）	0.000 （0.001）	−0.001 （0.010）	−0.006 （0.006）	-0.047^{*} （0.028）
家庭劳动力/人	0.068 （0.080）	−0.003 （0.005）	0.190^{**} （0.093）	-0.360^{***} （0.058）	−0.309 （0.248）
居住地海拔/km	-1.263^{***} （0.318）	0.054^{*} （0.022）	0.085 （0.399）	−0.293 （0.246）	0.312 （1.060）
居住地与市场的距离/km	0.031^{***} （0.008）	0.001 （0.001）	0.009 （0.010）	-0.010^{*} （0.006）	-0.060^{**} （0.026）

自变量	因变量				
	保护态度	多维贫困	供给功能福利	调节功能福利	文化功能福利
家庭农地面积/亩	0.001 （0.006）	−0.001 （0.000）	0.031*** （0.007）	−0.002 （0.004）	0.002 （0.019）
家庭林地面积/亩	0.001** （0.000）	0.000 （0.000）	0.000 （0.000）	0.005*** （0.000）	0.003*** （0.001）
保护区位置（1=区内+周边，0=区外）	0.679*** （0.240）	−0.016 （0.016）	−0.338 （0.290）	0.298* （0.179）	1.321* （0.770）
自评身体状况（1=好，2=一般，3=轻度疾病，4=重大疾病）	−0.218** （0.119）	0.023*** （0.008）	−0.147 （0.142）	−0.014 （0.088）	−1.076*** （0.378）
是否为村干部（1=是，0=否）	0.478 （0.308）	0.028 （0.021）	0.32 （0.387）	0.062 （0.238）	0.451 （1.027）
常数		0.147*** （0.047）	3.344*** （0.827）	1.718*** （0.510）	4.287** （2.196）

注：*** $P<0.01$，** $P<0.05$，* $P<0.1$。

从农户保护态度的影响机制看，生态福利实现对农户保护态度提升有正向显著影响。供给功能福利和调节功能福利实现在5%显著性水平上对保护态度提升有正向显著影响，而文化功能福利实现在10%显著性水平上有正向显著影响。体现出生态福利实现是保护政策效果的重要影响机制，保护政策作用于生态系统，会影响农户生态福利实现，进而对保护政策效果产生反馈。而多维贫困程度在5%显著性水平上对农户保护态度产生负向显著影响，即农户多维贫困程度越高，其保护态度越不积极。体现出生态和生计效果需要协同推进，如果无法实现减贫，那么生物多样性保护目标也将难以实现。综上，本研究提出的假说二、假说三、假说四、假说五、假说六、假说七得以证实。

混合变量也同时对生态福利实现以及保护政策效果产生影响，反映了控制混合变量的必要性。具体的，户主受教育程度、身体状况对减贫具有正向显著影响，居住地海拔对减贫有负向显著影响，可以看出自然资本拥有量对减贫的影响越来越小，而人力资本和社会资本以及区位条件对减贫越来越重要。农户居住地海拔、与市场的距离、家庭林地面积、身体状况以及居住在保护区位置对保护态度存在显著影响。户主性别、家庭劳动力数量以及家庭农地面积对供给功能福利产生显著影响，相比于男性来说，女性户主的供给功能福利实现程度显著更高。家庭劳动力数量越多，农地面积越大，供给功能福利实现程度显著越高。家庭劳动力数量在 1%显著性水平上对调节功能福利实现有负向显著影响，家庭林地面积在 1%显著性水平上对调节功能福利实现有正向显著影响。自然保护区内及周边的调节功能福利实现程度显著高于区外社区。户主身体状况越好、家庭林地面积越多在1%显著性水平上对文化功能福利实现越有正向显著影响，而户主年龄、与市场的距离对文化功能福利实现有负向显著影响。居住在保护区内及周边社区的文化功能福利实现程度显著高于区外社区。

第五节　本章小结

本研究从生态福利视角对保护政策的生态和生计效果影响进行分析，在第三章和第四章的基础上，证实了生态福利是自然保护区对生态和生计效果影响的重要路径，自然保护区的建立对农户生态福利实现产生了显著影响，同时生态福利实现对农户生计和保护态度产生显著影响，自然保护区的建立对生态和生计效果存在直接影响。研究证实了生态福利的中介效应，是影响生计和生态效果的重要机制。不同生态福利对生态和生计效果的影响程度不同，供给功能福利、调节功能福利以及文化功能福利实现对农户保护态度有正向显著影响，调节功能福利以及文化功能福利对减贫有正向显著影响。此外，贫困对农户保护态度有负向显著影响。

本研究从生态福利视角为自然资源和贫困关系的争论提供了合理的解释，关于自然资源是贫困陷阱还是生计安全网的争论由来已久。有学者认为环境收入可以提供社区家庭基本的生计和食物来源，进而避免社区家庭陷入更加严重的贫困，然而也有学者认为由于森林资源的劣商品属性，对森林资源高度依赖的家庭陷入贫困陷阱。对自然资源的高度依赖通常伴随着资产贫困以及市场化程度低，然而市场准入对农户家庭来说是外生变量，表明生计安全网的解释相比于贫困陷阱更加准确，但环境收入到底是不是贫困陷阱只有当家庭存在其他生计来源的情况时才能说明。目前现有的政策、捐助资金以及其他外生干预措施都是为了维持农户从事低产量的森林采伐活动。本研究结果表明供给功能福利对减贫有负向影响但不显著，而文化功能福利以及调节功能福利对减贫有正向影响，且文化功能福利实现对减贫有显著影响。该结论说明，如果社区依赖于对自然资源的直接利用，如采集、林木采伐、传统种养殖业等，就无法实现多维贫困的显著改善。如果缺乏市场信息和技术，那么还有可能会陷入贫困陷阱。供给功能福利虽然满足了农户的日常生计需求，但是从多维贫困改善视角，由于缺乏有效的市场化渠道、交通不便等因素，农户通过供给功能福利实现无法获得充足的现金收入，大多只是满足家庭内部需求。同时供给功能福利的实现通常是耗时耗力的，容易受到保护政策的限制进而产生负向影响，如野生动物肇事，不仅造成经济损失，也会造成严重的心理负担。文化功能福利的实现不仅可以显著提升农户的非农收入，同时也有利于农林业产品的商品化。在对农户的访谈中，大多农户表示："相比于农业活动，我更愿意从事生态旅游工作，从事农业活动是不赚钱的，我认为从事农业活动非常消耗体力，有了生态旅游收入，我将不需要从事农业活动来满足食物需求，相比于参与农业生产培训，我更愿意参与生态旅游培训。"相比于外出打工获得的非农收入，生态旅游收入对获得福祉贡献更高，同时可以充分利用家庭剩余劳动力、宅基地等资源。需要注意的是，虽然文化功能福利实现的减贫效应显著，但当前的生态旅游参与模式往往由政府主导，社区农户大多被动参与，只有少数地理位置好、经营管理水平高的家庭经营农家乐获得了较高的经营收益。很多农户抵制生态旅游的开发，原因在于政府主导的旅游为了效益最大化，禁止周边社区对自然资源的利用，如禁止社区家庭在门前屋后种植农作物，只能种植没有收益但具有观赏价值的树木花卉。

一味地鼓励社区家庭参与生态旅游经营反而会形成供过于求的局面，社区农户受教育程度不高、经营管理水平不高，加上自身财富积累不足，导致参与能力不足，即使勉强参与生态旅游，也往往不能实现可持续地经营与获益。此外，生态旅游的负面影响也不可忽视，旅游开发会对生物多样性保护产生一定负面影响，增大保护难度与不可控制的风险性。同时旅游开发导致当地物价上涨、社会治安问题增加、不文明的游客行为在一定程度上增加了周边社区的生活成本。生态扶贫确实能达到事半功倍的效果，但不能操之过急，合理的规划、论证、多方利益群体参与决策等都必不可少，追求立竿见影的扶贫效果，虽然在短期内会获得一定的收益，但是缺乏长期驱动力，最终导致扶贫治标不治本。保护区周边社区家庭参与生态旅游确实提高了家庭收入，特别是家庭非农收入，但是生态旅游在吸纳周边社区参与上能力不足。现阶段，生态旅游经营还不能作为社区家庭的可持续生计，其产生的收入效应有限，还没有发挥巨大的潜力。相关经营管理培训、鼓励优惠政策固然对居民参与能力提升很重要，但这些都不能改变农户被动参与以及处于参与群体弱势地位的现实，只有让周边社区家庭参与到生态旅游经营的管理和决策工作中，让社区在生态旅游管理中拥有自主权和决定权，才能真正使周边社区获益，改变现有收益分配不均、参与不足的现状。政府以及保护区需要合理规划地方生态旅游产业发展，客观认识制度、经济发展水平以及参与能力的局限性导致社区参与不足和利益实现不充分的问题。虽然参与生态旅游经营成为周边社区家庭重要的生计，但是现有的生态旅游发展并未完全发挥环境宣传教育、利益合理配置、社区参与保护的作用，还有很大的提升空间，这需要政府创建一个更有利于社区参与的生态旅游开发模式，从而更好地发挥生态旅游的生态效益、经济效益与社会效益。

第七章　基于生态福利实现的生物多样性保护政策优化：系统反馈

第一节　引　言

为了适应社会经济发展以及人民日益增长的物质文化和精神需求，生物多样性保护政策在新的时期也经历了转变。生物多样性保护政策的实施是一个动态不断演变的过程，其政策设计过程、目标都随着社会经济发展和时代的进步不断变化。以自然保护区管理体制为例，从 1956 年我国建立第一个自然保护区开始，经过 60 多年的发展，我国自然保护区事业经历了从无到有、规模从小到大、类型从单一到全面的发展历程，取得了举世瞩目的成就，构建了以自然保护区为主体的，辅以风景名胜区、湿地公园、地质公园、自然遗产地等各类保护地的保护体系。截至 2017 年年底，全国共建立各种类型、不同级别的保护区有 2 750 个，总面积约为 14 733 万 hm^2，约占全国陆地面积的 14.88%，其中国家级自然保护区有 469 个。全国共分布有 3 500 多万 hm^2 天然林和约 2 000 万 hm^2 天然湿地，保护着 90.5% 的陆地生态系统类型、85%的野生动植物种类和 65%的高等植物群落，保护了 300 多种重点保护的野生动物和 130 多种重点保护的野生植物。在经历了 60 多年的发展后，现有的自然保护区体系出现多头管理、九龙治水、保护面积条块分割等弊端，无法适应新时代的生物多样性保护要求，因而我国建立了以国家公园为主体的自然保护地体系，以期解决现有保护地体系存在的问题。保护政策是不断变化演进的。例如，退耕还林和天然林保护工程，在一期工程实施完成后，相应地继续实施了二期工程，因而在分析保护政策效果时，需要考虑到这种动态变化，通过政策的反馈效果研究实现政策的可持续。

目前研究对保护政策效果评价及政策实施的生态或社会经济的效率和效果都

进行了探索，然而研究大多是静态的，没有考虑到人与自然耦合系统动态交互作用。人与自然耦合会产生反馈效应（Hull et al.，2015；Liu et al.，2007）。忽视系统反馈的作用机制有可能对政策实施的长期效果影响评估产生偏差（Liu et al.，2007）。对系统反馈的认识可以实现可持续发展的目标，对设计保护策略以及理解政策在不同区域的复杂交互作用有重要作用。在人与自然耦合系统中，一个重要的反馈机制是野生动物肇事，尤其是在自然保护区周边。人类通过一系列保护措施，如生态保护工程、生态补偿等对自然生态系统进行保护，野生动物的数量和栖息地面积迅速增加，造成更加严重的野生动物肇事强度，对人类生态系统产生负向反馈（徐建英等，2016；Wallace et al.，2012；侯一蕾等，2012；Naughton-Treves，1998）。这种人与自然耦合系统的反馈效应得到不少学者的证实。Yang 等（2018c）以卧龙国家级自然保护区周边社区参与退耕还林为例，发现农户参与退耕还林工程显著增加了未来参与退耕还林的意愿，原因在于参与退耕还林增加了对现有农地的野生动物肇事强度。Chen 等（2019）以安徽金寨天马国家级自然保护区为例，同样发现现有的林业生态保护工程，如退耕还林及天然林保护工程，增加了森林覆盖率以及野生动物的栖息地数量，造成野生动物肇事强度上升，对农户参与新一轮退耕还林的意愿有正向影响。虽然这种人与自然耦合系统的反馈效应对于人类来说是负向的，但是对自然生态系统的保护却产生了正向作用。这种反馈机制的存在具有重要的政策启示。这种反馈效应在生态工程补偿政策设计时往往被忽略，导致部分生态区位重要、野生动物资源丰富的地区没有得到充分的生态补偿。同时如果未充分考虑这种反馈效应，会导致生态保护效果越好的区域保护成本越高，不利于保护政策的可持续性。因而关于人与自然耦合系统的反馈机制的研究是保护政策优化的重要方向。

在我国生物多样性保护进程中，保护政策是不断演进发展的。在政策演进过程中，新的保护政策需要考虑与现有保护政策之间的兼容性，现有保护政策需要考虑可持续性。兼容性与可持续性是当前生物多样性保护政策迫切需要解决的难题，自然保护区的建设则迫切需要考虑兼容性问题。从社区视角来看，保护区内及周边社区对国家公园的参与意愿是体现国家公园兼容性的重要方面。本研究从社区视角探索了国家公园与自然保护区建设的兼容性影响机制，自然保护区内及周边社区是否愿意参与国家公园建设，如果愿意，这种反馈机制是如何体现的？

同时，自然保护区内及周边社区开展了新一轮的退耕还林工程，第一轮退耕还林工程于 2002 年在全国 25 个省（自治区、直辖市）全面启动，新一轮于 2014 年开展。第一轮退耕还林工程对新一轮退耕还林工程的影响如何？探索其反馈机制对于退耕还林工程的可持续性具有重要作用。

综上所述，现有的生物多样性保护政策的演变是本研究关于人与自然耦合系统反馈研究的政策条件，生物多样性政策是否有效及其优化路径是否可以通过其可持续性和兼容性的不断推进得以显示，如果一项政策中途而废或政策实施结束后没有后续的延续，那么政策效果显然是不可持续的，没有形成良好的反馈效果。因而如何形成政策效果的正向反馈，消除负向反馈效应，推动政策实施可持续是现有生物多样性保护政策优化的重要方向。此外，现有研究对人与自然耦合系统反馈机制的探索处于起步阶段，还存在以下不足：第一，生物多样性丰富地区保护政策不是单一的，以陕西所建立的自然保护区周边为例，保护政策包括保护区建设、退耕还林以及天然林保护，这种反馈效应是多种政策综合作用的结果，仅仅关注单一的保护政策会得到有偏的反馈效应，需要综合考虑不同政策的综合作用效果。第二，野生动物肇事只是人与自然耦合系统中的一种反馈机制，而人与自然复杂系统中存在多种反馈机制，例如，现有的保护政策会对农户供给功能福利实现、调节功能福利实现以及文化功能福利实现产生影响，而农户生态福利实现的变化会对新的保护政策参与产生影响。因而如何加强政策产生的正向反馈以及减轻负向反馈是保护政策优化的重要方向。

为此，本章着眼于自然保护区和国家公园建设以及第一轮退耕还林和新一轮退耕还林政策如何兼容的问题，从社区视角，基于生态福利研究保护政策的反馈机制，分析农户对新一轮退耕还林工程以及大熊猫国家公园建设的参与意愿，具体研究的问题如下：①农户参与退耕还林工程是否能显著增加农户参与新一轮退耕还林意愿？②不同生态福利实现程度对农户参与新一轮退耕还林意愿的影响如何？③大熊猫自然保护区周边社区是否愿意参与大熊猫国家公园建设？④不同生态福利实现程度对大熊猫国家公园参与意愿的影响如何？

第二节　研究框架与假说

本章从社区视角基于生态福利探索生物多样性保护政策的反馈机制。通过现有政策产生的政策效果，分析对未来政策可持续性的影响，进而消除负向反馈，加强正向反馈，实现政策的可持续演变和发展。现有的生物多样性保护政策是以建立自然保护区为主，辅助于退耕还林以及天然林保护工程。随着社会经济发展，现有的自然保护地体制已经无法适应新的需求，建立以国家公园为主体的自然保护地体系被提出的同时新一轮退耕还林工程也开始在各地陆续实施。社区是保护政策的重要参与者和政策作用的对象，其对新的保护政策的响应是反映政策是否可持续的重要指标之一。而生态福利作为人与自然耦合系统中保护政策的重要反馈效果，对新的保护政策具有重要的影响。从整体来看，生物多样性政策具有较强的兼容性，新的保护政策对社区生计越来越重视，在城镇化、非农就业规模扩大等一系列外部影响下，社区对农林业生产的依赖不断减少，对非农就业依赖不断增加。国家公园建设相比自然保护区建设，虽然对自然资源的利用限制更加严格，但带来了更多的非农就业机会。同时自然保护区的建立也逐渐重视社区的生态福利实现，使社区意识到保护生态资源可以带来更多的福利，因而对国家公园建设意愿较高。据此，本研究构建人与自然耦合系统反馈机制研究框架如图 7-1 所示，并提出以下假设：

假说 1：参与退耕还林工程对农户生态福利实现产生显著影响。假说 1.1 为参与退耕还林工程对供给功能福利产生负向显著影响。假说 1.2 为参与退耕还林工程对调节功能福利产生正向显著影响。假说 1.3 为参与退耕还林工程对文化功能福利实现产生正向显著影响。

假说 2：参与天然林保护工程对农户生态福利实现产生显著影响。假说 2.1 为参与天然林保护工程对供给功能福利实现产生负向显著影响。假说 2.2 为参与天然林保护工程对调节功能福利实现产生正向显著影响。假说 2.3 为参与天然林保护工程对文化功能福利实现产生正向显著影响。

假说 3：自然保护区建立对农户参与国家公园建设意愿产生正向显著影响。

假说 4：自然保护区建立对农户参与新一轮退耕还林工程产生正向显著影响。

假说 5：参与第一轮退耕还林工程对农户参与国家公园建设意愿产生正向显著影响。

假说 6：参与第一轮退耕还林工程对农户参与新一轮退耕还林工程产生正向显著影响。

假说 7：参与天然林保护工程对农户参与国家公园建设意愿有正向显著影响。

假说 8：参与天然林保护工程对农户参与新一轮退耕还林工程有正向显著影响。

假说 9：农户生态福利实现对参与国家公园建设有显著影响。假说 9.1 为农户供给功能福利实现对参与国家公园建设意愿有负向显著影响。假说 9.2 为农户调节功能福利实现对参与国家公园建设意愿有正向显著影响。假说 9.3 为农户文化功能福利实现对参与国家公园建设意愿有正向显著影响。

假说 10：农户生态福利实现对参与新一轮退耕还林意愿有正向显著影响。假说 10.1 为农户供给功能福利实现对参与新一轮退耕还林意愿有正向显著影响。假说 10.2 为农户调节功能福利实现对参与新一轮退耕还林意愿有正向显著影响。假说 10.3 为农户文化功能福利实现对参与新一轮退耕还林意愿有正向显著影响。

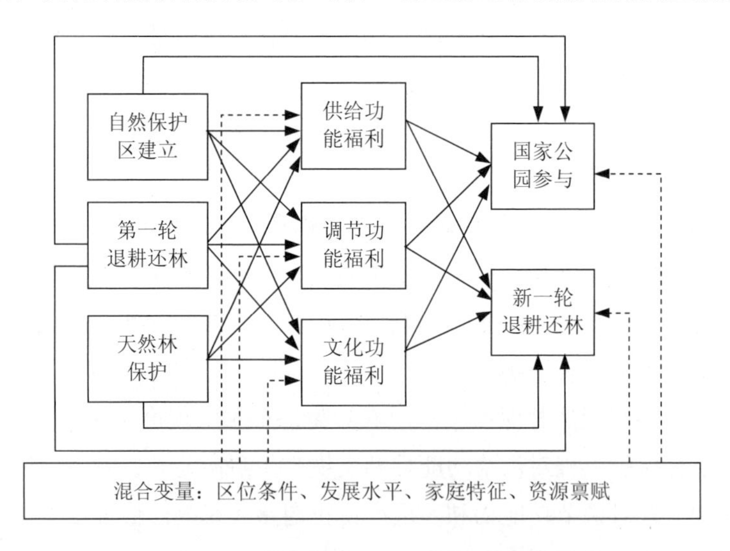

图 7-1　人与自然耦合系统反馈机制研究框架

第三节　数据来源与研究方法

一、数据来源

本章数据来源于 2018 年 7—12 月课题组对陕西秦岭周至、长青、佛坪、皇冠山、太白牛尾河、老县城、黄柏塬 7 个自然保护区周边社区的调查结果。为了保证问卷设计科学合理以及能够切合实际，项目组在 2017 年 8 月在上述保护区开展了关键人物访谈和预调研，结果显示问卷设计基本能够达到预期效果，在此基础上，项目组对调查问卷进行完善。调查对象主要是户主，每份调查问卷需要时长 45～60 min。共收集问卷 650 份。样本来源于 4 个市 5 个县 8 个镇 28 个村（社区），共涉及 7 个自然保护区。

二、研究方法

本研究采用结构方程模型对生物多样性保护政策参与行为、生态福利实现和对未来保护政策参与意愿的假设关系进行验证。一般线性回归模型在处理存在多个因变量且因变量存在相关关系的情况时，结果通常是有偏的。结构方程模型是在统计上无偏的且被广泛应用于统计推断的相关研究中，尤其在影响路径分析上，取得了很好的研究效果。

在本研究中，不存在潜变量，所有的变量都是可直接观测的显变量。因而主要采用结构方程模型做影响路径分析，同时在做主要显变量（包括自然保护区建立、退耕还林、生态公益林参与行为和生态福利以及国家公园建设和新一轮退耕还林参与意愿）的复杂线性关系时，对混合变量进行控制，主要混合变量包括区位条件、发展水平、家庭特征以及资源禀赋。主要显变量的影响路径关系框架如图 6-1 所示。

只有显变量的结构方程模型的一般表达式为

$$Y = BY + \Gamma X + \xi \tag{7-1}$$

由于内生变量中很多是分类变量，如自然保护区的建立、退耕还林和天然林保护工程参与行为以及国家公园建设和新一轮退耕还林参与意愿，都是二分类变量，一般结构方程模型无法进行有效运算，因而，本研究采用广义结构方程模型进行分析。

第四节 结果分析

基于农户生态福利实现的保护政策参与行为对国家公园建设和新一轮退耕还林工程参与意愿的影响如表 7-1 所示。

表 7-1 保护政策参与行为的反馈效应

自变量	因变量				
	国家公园参与意愿	新一轮退耕还林参与意愿	供给功能福利	调节功能福利	文化功能福利
供给功能福利/10^3 元	-0.256^{***} （0.041）	0.021 （0.036）			
调节功能服务/10^3 元	−0.066 （0.060）	0.251^{***} （0.078）			
文化功能服务/10^3 元	0.142^{***} （0.043）	0.001 （0.013）			
是否参与第一轮退耕还林（1=是，0=否）	0.072 （0.210）	0.581^{***} （0.199）	0.112 （0.235）	0.435^{***} （0.143）	−0.260 （0.625）
天然林保护工程（1=是，0=否）	0.152 （0.232）	0.405^{*} （0.223）	-0.460^{*} （0.262）	0.467^{***} （0.159）	−0.268 （0.697）
保护区位置（1=区内+周边，0=区外）	−0.068 （0.256）	0.077 （0.243）	−0.349 （0.289）	0.313^{*} （0.176）	1.313^{*} （0.770）
户主性别（1=男，0=女）	0.632^{*} （0.334）	−0.387 （0.331）	-0.833^{**} （0.390）	0.004 （0.237）	0.794 （1.038）
户主受教育程度/a	−0.034 （0.029）	0.016 （0.028）	−0.024 （0.033）	0.010 （0.020）	0.079 （0.088）
户主年龄/岁	0.005 （0.009）	0.001 （0.009）	−0.001 （0.010）	−0.008 （0.006）	-0.046^{*} （0.028）
家庭劳动力/人	−0.064 （0.087）	−0.069 （0.083）	0.178^{*} （0.094）	-0.348^{***} （0.057）	−0.316 （0.249）
居住地海拔/km	-0.584^{*} （0.350）	−0.044 （0.334）	0.011 （0.401）	−0.184 （0.243）	0.249 （1.067）

自变量	因变量				
	国家公园参与意愿	新一轮退耕还林参与意愿	供给功能福利	调节功能福利	文化功能福利
居住地与市场的距离/km	0.014 （0.009）	0.023*** （0.008）	0.010 （0.010）	−0.012** （0.006）	−0.059** （0.026）
家庭农地面积/亩	−0.007 （0.006）	0.050*** （0.017）	0.031*** （0.007）	−0.003 （0.004）	0.003 （0.019）
家庭林地面积/亩	0.001** （0.000）	0.001 （0.000）	0.000 （0.000）	0.005*** （0.000）	0.003*** （0.001）
自评身体状况（1=好，2=一般，3=轻度疾病，4=重大疾病）	−0.031 （0.126）	0.059 （0.118）	−0.157 （0.143）	0.035 （0.087）	−1.104*** （0.380）
是否村干部（1=是，0=否）	0.478 （0.372）	0.241 （0.320）	0.290 （0.386）	0.064 （0.235）	0.450 （1.028）
常量	1.220 （0.776）	−1.550** （0.740）	3.751*** （0.872）	0.973* （0.529）	4.721** （2.320）

注：因变量中供给功能福利、调节功能福利以及文化功能福利也是自变量。*表示 10%显著性水平，**表示 5%显著性水平，***表示 1%显著性水平。

农户生态福利实现对国家公园参与意愿产生正向显著影响。其中，供给功能福利实现在 1%显著性水平上对农户参与意愿产生负向影响，文化功能福利实现在 1%显著性水平上对农户参与意愿产生正向显著影响，体现出社区认识到国家公园建立后保护强度会得到加强，农户对自然资源的利用会被进一步限制，区域知名度会得到提升，更加有利于生态旅游经营。

农户居住在保护区的位置对国家公园参与意愿不存在显著性影响，这表明当前自然保护区建设对农户参与国家公园建设不存在直接显著影响，但通过农户生态福利实现的改变对参与国家公园意愿产生间接显著影响，包括增加社区文化功能福利实现对国家公园参与意愿产生正向显著影响，同时通过显著减少区内社区供给功能福利实现对参与国家公园意愿产生正向显著影响。体现出在社区层面国家公园建立和自然保护区管理不会存在冲突，保护区内的农户对国家公园建立持支持意见。农户参与第一轮退耕还林和天然林保护工程对参与国家公园建设意愿不存在显著性影响。但参与天然林保护工程显著减少了供给功能福利实现，并对参与国家公园意愿有正向间接显著影响。

农户调节功能福利实现在 1%显著性水平上对农户参与新一轮退耕还林产生正向显著影响，供给功能福利实现和文化功能福利实现对参与退耕还林意愿产生正向影响但不显著。而居住在保护区内及周边的农户相比于居住在保护区外的农户更愿意参与退耕还林但影响不显著。自然保护区建设显著增加区内及周边社区调节功能福利实现进而间接影响农户参与新一轮退耕还林意愿。农户参与第一轮退耕还林工程以及天然林保护工程对参与新一轮退耕还林工程意愿有正向显著影响。总体来看，生物多样性保护政策的演进存在较好的兼容性，但可能以农户的保护成本作为代价。

农户保护政策参与行为对生态福利实现产生显著影响，参与第一轮退耕还林以及天然林保护工程对农户调节功能福利产生正向显著影响。参与天然林保护工程对农户供给功能福利实现产生负向显著影响。退耕还林政策和天然林保护政策通过生态补偿的发放增加农户调节功能福利的实现，但对供给功能福利实现产生负向影响，主要原因在于一方面退耕还林会减少农户家庭的农地面积，增加森林植被的面积，也扩大了野猪、狗熊等野生动物的栖息地范围，会对农林作物经营产生负面影响。

综上所述，假说 1.2、假说 2.1、假说 2.2、假说 6、假说 9.1、假说 9.3、假说 10.2 得到证实。

第五节　本章小结

本章聚焦自然保护区周边社区对新一轮退耕还林以及国家公园建设参与意愿，基于农户生态福利实现研究现有的保护政策参与行为对未来保护政策参与意愿的影响机制，采用结构方程模型探讨该保护政策的反馈机制。研究结果显示，现有的生物多样性保护政策产生了积极的、正向的反馈效应，政策演变存在较好的兼容性。农户生态福利实现对参与国家公园意愿有显著影响，表现在供给功能福利实现对参与意愿有负向显著影响，文化功能福利实现对参与意愿有正向显著影响。此外，调节功能福利实现对农户参与新一轮退耕还林工程意愿有正向显著影响。

自然保护区的建立虽然对农户参与国家公园意愿没有直接显著影响，但通过影响农户生态福利实现产生了间接显著影响。自然保护区建立直接增加了区内和周边农户参与新一轮退耕还林的意愿但不显著，但可以通过显著增加农户调节功能福利实现间接显著增加农户参与新一轮退耕还林的意愿。农户参与退耕还林工程对参与新一轮退耕还林意愿有直接正向显著影响，同时通过显著增加农户调节功能福利实现对参与新一轮退耕还林意愿产生间接显著影响。自然保护区建设对农户参与国家公园建设意愿没有直接显著影响，通过增加文化功能福利实现以及减少供给功能福利实现对参与国家公园意愿产生正向显著影响。农户参与天然林保护工程对参与新一轮退耕还林有直接显著影响，同时通过增加调节功能福利实现对参与意愿产生正向显著影响。

然而，虽然现有的生态保护政策对农户参与新一轮退耕还林工程有积极的正向效应，但是调查过程中发现农户参与率很低。一方面，由于新一轮退耕还林的参与门槛相对更高，经过第一轮退耕还林工程，社区可参与的土地资源已经受限。另一方面，自上而下的退耕还林工程缺乏有效的社区参与，社区对新一轮退耕还林工程了解甚少。由于非农就业的转移，留守农村的大多是年长的农户，社区在参与过程中往往需要承担一定的机会成本，因而新一轮退耕还林过程中存在“精英捕获”现象，林业部门通常也愿意针对大户开展新一轮退耕还林，对于普通农户来说往往宣传不到位，造成新一轮退耕还林的利益被村里的精英捕获。随着城镇化的推进以及乡村中小学学校数量的急剧下降，非农就业使从事农林业经营的主体发生改变，大多数青壮年外出打工或者居住在乡镇为小孩提供良好的教育环境，老年人成为农林业经营的主体，尤其在自然保护区内及周边，农林业经营大多满足自己的需求。而对于野生动物肇事严重、有需求参与的农户来说，如何有效缩小社区参与和行为之间的差距，需要政府在新一轮退耕还林工程中提供专业的社会化服务，如通过专业的社会化服务公司提供造林等服务，鼓励村里大户流转退耕还林的土地，开展退耕还林工作，减少项目实施的机会成本和监督成本。

此外，自然保护区建立以及第一轮退耕还林政策都对农户参与新一轮退耕还林工程产生直接或间接的正向显著影响，然而这种影响机制却是以农户生物多样性保护成本承担为代价的。生物多样性保护政策，尤其是建立自然保护区，在增加森林覆盖率和物种保护效果的基础上，增加了野生动物肇事强度，对社区的农林业生产产生正向影响，因而农户参与新一轮退耕还林的意愿很高。这种影响机制也得到不少学者的证实（Chen et al.，2019；Yang，2018a）。因而，未来保护政策的补偿机制设计不仅需要考虑保护的机会成本，同时需要考虑这种隐性成本。

农户从自然保护区建立过程中获得了生态福利，尤其是调节功能福利以及文化功能福利，然而自然保护区内及周边的农户对自然保护区的生态福利感知并不强烈，这种现象不仅存在于未发展生态旅游的自然保护区周边社区中，已发展生态旅游的周边社区对自然保护区建设带来的生态福利感知也不强烈。在秦岭地区，自然保护区建设提供了生态旅游开发必要的景观和物种资源，然而社区通常将生态旅游开发归因于地方政府，忽视了自然保护区建立的基础作用。

这种负向感知虽然导致保护区内及周边社区参与新一轮退耕还林意愿高，但对农户参与国家公园建设的意愿没有显著影响。不少保护区内及周边以农林业生产为主要生计的农户对国家公园建设持负面态度。原因在于，一方面保护区管理部门忽视了社区共管工作，将社区视为保护的威胁者而不是保护的参与者；另一方面，自然保护区建设和地方政府产生了对立关系，保护区成为地方发展的主要限制因素，导致矛盾激化。因而在未来国家公园规划和发展过程中，地方政府的参与必不可少，国家公园建设也应该成为地方政府社会发展规划中的重要部分。地方政府应该和国家公园管理部门共同协作做好社区发展和宣传教育工作，通过有效宣传，社区意识到国家公园建设在生态福利实现方面的作用，进而积极、主动地参与到国家公园建设中，促使国家公园建设与地方社会经济协调发展。

第八章　生物多样性保护政策优化：保护政策交互效应分析

第一节　引　言

在大熊猫自然保护区内，为了在有效保护生物多样性的同时提升周边社区的生计水平，政府实施了一系列生物多样性保护政策，包括保护限制政策（如退耕还林、天然林保护、自然保护区建设与管理）和发展政策（包括生态旅游、生态移民、绿色发展项目）。虽然都是生物多样性保护政策，但是不同政策之间的政策手段、政策目标以及政策效果都不尽相同。不同的保护政策在同一时间段作用于相同的对象会产生意想不到的效果。其可能会产生良好的反应，即政策之间互相加强，也可能会产生相互中和的反应，即产生相互抵消的政策效果。以往大多数研究关注单个保护政策的效果，如建立自然保护区对生态和社区生计的影响（Duan et al.，2017a；马奔等，2017；Liu et al.，2001），天然林保护政策对植被恢复的影响（Viña et al.，2016），退耕还林政策的生态与生计效果（Yin，2009）。但是这些保护政策不是单独存在的，在实施过程中往往会在同一时间段作用于同一对象，如在大熊猫自然保护区内，大多数社区农户参与退耕还林工程与生态公益林补偿项目，因而对保护政策优化的研究需要关注不同政策之间的相互作用。目前已有少部分学者对不同政策之间的相互作用关系进行了研究，取得了很好的效果。Yang（2018a）发现生态旅游和劳动力外移都有利于森林植被恢复，但是生态旅游的开展会减少社区外出打工的概率，因而会减少劳动力外移对森林植被恢复的正向效应。Yang（2013b）在大熊猫自然保护区内实施的天然林保护工程、退耕还林工程、电力补贴政策影响以及生态旅游参与对周边社区农户收入影响的研究中，发现不同保护与发展政策之间存在协同和拮抗效应，如天然林保护和退耕还林都对农户收入产生负向影响，但是两者的交互作用却对农户收入产生正向影响。

为此，保护政策优化的重要方向就是在对不同保护政策相互作用关系效果评价的基础上，减缓不同保护政策之间抵消作用的影响，产生相互加强的保护政策。在新的时期，大熊猫国家公园建立后，保护面积进一步扩大，保护区域和人类活动区域重叠范围进一步扩大。从试点范围内的行政区域及人口看，整个大熊猫国家公园试点包括试点区涉及 151 个乡镇的 12.08 万人，其中四川涉及 119 个乡镇，户籍人口 8.99 万人，占总人口的 74.42%；陕西涉及 18 个乡镇，户籍人口 0.77 万人，占总人口的 6.37%[①]。四川和陕西片区分布北川、平武、青川、汶川、理县、茂县、松潘、九寨沟、周至、太白、洋县、留坝、佛坪、宁陕等原集中连片特殊困难县和国家级扶贫开发重点县，经济主要依靠财政转移支付，保护与发展矛盾冲突大。在保护政策进一步严格的背景下，相应的发展政策也必不可少。已有的区域保护与发展政策包括一系列生态保护工程，如退耕还林、天然林保护工程，生态旅游、生态移民以及生态岗位提供等。未来保护与发展政策的实施强度会进一步加大，而政策之间的交互作用也更加强烈。保护与发展政策的实施需要考虑不同政策之间的关联和兼容性。为此，本章对秦岭保护区周边实施的重要的保护与发展政策，即生态旅游和生态移民政策展开研究，分析政策的生态和生计效果，同时对两项政策的交互作用效果进行分析。

学者们对生态旅游和生态移民的政策效果开展了大量的研究，研究聚焦政策对农户生计的影响，包括参与意愿、参与行为等。生态旅游被定义为为了享受自然，对相对未开发的区域进行环境负责的景观观赏与访问。生态旅游的特点包括提高保护意识、较低的游客影响以及带动地方社区发展（Ceballos-Lascurain，1996）。自然保护区和生态旅游相辅相成、互相依存（Xu et al.，2014；Bushell et al.，2007；Reinius et al.，2007；Ceballos-Lascurain，1996）。在生态旅游政策实施效果的相关研究上，马奔等（2015）以秦岭地区森林景区周边农户为研究对象，基于 324 份农户调查数据，采用计划行为理论构建理论模型，利用 Probit、Tobit 回归模型对农户参与生态旅游的经营行为进行研究。马奔等（2016a）对中国七省保护区周边开展生态旅游对社区收入影响展开研究，发现生态旅游的开展显著增加了

① 资料来源：《大熊猫国家公园总体规划（征求意见稿）》，2019 年。

社区收入水平，尤其是非农收入。Ferraro 等（2014）对哥斯达黎加保护地开展生态旅游的减贫效果进行分析，发现哥斯达黎加自然保护地的建立显著减轻贫困，其中生态旅游贡献占 2/3。

虽然生态旅游的开展对增加社区收入、减轻贫困的正向作用得到大多数学者的证实，但其产生的负向生计效应也不可忽视。Ma 等（2019）发现在秦岭保护区周边开展生态旅游虽然显著增加收入并减轻贫困，但加剧了收入不平等现象。Lonn 等（2018）对哥伦比亚社区参与生态旅游的收入影响进行评估，结果显示生态旅游并没有显著增加社区收入，相反造成收入不平等。生态移民是指为了保护或者修复某个地区特殊的生态而进行的人口迁移。罗万云等（2019）运用 Logit 模型从环境风险、生计禀赋、个体特征角度考察甘肃省沙漠边缘农户农民生态移民意愿的影响因素。此外，现有研究还探讨了生态移民对农地流转、生态系统可持续、生计资本等的影响（冯英杰等，2019；钟水映等，2018；李健瑜，2018）。生态移民对农户多维贫困减轻的正向影响较弱（王文略等，2018）。生态移民后的可持续生计问题是当前保护工程发展面临的较大问题，失去了土地的移民无法有效地参与非农就业工作，同时生态移民工程也增加了农户的经济成本（胜东等，2016）。

国内外学者从社区视角对生态旅游和生态移民的社会效应展开了研究，为本研究进一步探讨保护与发展协调政策的效果奠定基础。不难发现，对保护与发展政策的影响效应评估是当前的研究热点。随着以国家公园为主体的自然保护地体系的建立，协调保护与发展的政策力度会进一步加大，对政策效果的有效评估是政策优化的前提。而现有政策评估研究大多聚焦生计效果，忽视了政策产生的生态效果，如对社区保护行为、态度的影响。同时考虑政策产生的生计和生态效果是评估政策是否可持续的关键，在协调保护与发展过程中不会产生顾此失彼的情况。此外，以往大多数研究关注单个政策实施产生的效果，而现实中保护与发展政策往往不是单独存在的，不同的政策在实施过程中往往会在同一时间段作用于同一对象，如在大熊猫自然保护区内，大多数社区农户同时参与退耕还林工程与生态公益林补偿项目。不同政策的交互可能会产生意想不到的效果，其可能会产生良好的反应，即政策之间互相加强，也可能会产生相互中和的反应，即产生相互抵消的政策效果，因而对保护政策优化的研究需要关注不同政策之间的相互作用。

综上所述，本研究的主要研究问题如下：①大熊猫保护区周边生态旅游是否提升了社区生计和生态保护？生态旅游的开展是“双赢”抑或权衡？②大熊猫保护区周边生态移民工程对农户生计和生态保护是否产生了正向影响，生态移民工程的开展是“双赢”抑或权衡？③生态旅游和生态移民这两项政策的实施效果是产生了协同效应还是拮抗效应？

第二节 大熊猫保护区周边生态旅游与生态移民发展

一、生态旅游发展现状

大熊猫自然保护区周边有非常丰富的景观资源，开展了形式多样的旅游活动，年访客量约 4 620 万人次。但总体上成规模、知名度高的体验点少，大部分设施零散、规模小[①]。在本研究区域，依托自然保护区丰富的野生动植物、景观和人文资源，在四川片区，有王朗、虎牙、邓池沟等成规模的旅游景点主要开展观光游览、民族文化探秘、探险体验等活动。较具特色的有王朗国家级自然保护区周边，依托自然保护区丰富的景观资源以及周边社区白马藏族独特的文化，包括风俗习惯、宗教活动每年吸引大量的游客进行生态旅游活动。在峰桶寨国家级自然保护区周边的邓池沟是世界第一只大熊猫的发现地，也是野生大熊猫栖息的核心区。邓池沟的主要景点包括戴维旅游新村、天主教堂、熊猫乐园等，每年夏天吸引大量游客。在开展生态旅游的同时，邓池沟周边被全部纳入蜂桶寨国家级自然保护区红线范围，采取了一系列保护措施，最大限度地保护野生大熊猫的栖息地。

在陕西片区，秦岭具有非常丰富的生态旅游资源。不仅拥有丰富的自然景观资源，还有气势恢宏的天象景观以及珍稀野生动物资源，还有悠久的历史文化，具有非常高的景观观赏性和科学研究价值。自然资源分布于自然保护区、森林公园和风景名胜区中。依托秦岭自然保护区丰富的森林旅游资源建立的森林公园和风景名胜区是生态旅游开发的主要场所。依托太白山和黄柏塬国家级自然保护区，

① 资料来源：《大熊猫国家公园总体规划（征求意见稿）》，2019 年。

周边建立的生态旅游区有太白山保护区旅游小区，太白山国家森林公园、红河谷森林公园和青峰峡森林公园，主要的生态旅游活动包括自然风景、第四纪冰川遗迹、古文化遗产观光，科考，探险和休闲度假。依托老县城国家级自然保护区建立的老县城保护区旅游小区，主要进行历史遗迹参观和自然风景观光等旅游活动。依托皇冠山省级自然保护区建立的朝阳沟生态旅游区，主要进行珍稀动植物观赏、人文景观和休闲度假。依托黄柏塬国家级自然保护区建立了黄柏塬水利风景区以及黑河国家级森林公园，主要进行生态观光、人文观光、休闲度假。依托长青国家级自然保护区建立了长青生态旅游区，主要进行珍稀动植物观赏、生态观光、人文观光、科考、探险、休闲度假。另外，秦岭地区还具有人文景观多样性。佛教寺庙建筑与传统的宗教活动，在秦岭地区比较普遍，道教文化以楼观台最具代表性（吴静，2015）。

大熊猫自然保护区周边生态旅游开发主要以政府为主导，采用招商引资的模式进行景区基础设施建设等活动。在政府主导的基础上，周边社区和非政府组织参与也是当前秦岭生态旅游发展的重要特色。社区参与生态旅游的形式主要包括参与生态旅游经营，如经营农家乐、卖小商品、卖土特产、当司机、当导游，还包括参与生态旅游的固定工作，如在景区当保安、保洁、服务员等。此外，周边社区参与生态旅游开发也是重要的参与形式，包括参与基础设施建设、出让土地。政府和 NGO 会扶持社区参与生态旅游，同时政府对社区参与生态旅游的行为进行规范，包括制定了一系列制度政策，如《四川省旅游条例》《四川省农家乐（乡村酒店）管理暂行办法》《四川省农家乐旅游服务质量等级划分与评定标准（修订）》《关于规范秦岭地区农家乐（民宿）发展的指导意见》《陕西省农家乐旅游星级评定管理办法》《陕西省农家乐旅游星级划分与评定标准》。NGO 参与生态旅游包括与政府合作扶持农家乐发展，对社区参与生态旅游进行培训。对生态旅游发展进行监测，构建不同利益相关者的交流沟通平台，如在世界自然保护基金会（WWF）的推动下，秦岭地区成立了太白山生态旅游联盟。

二、生态移民现状

四川大熊猫自然保护区也是地震灾害频发的地区，生态移民成为重要的灾后重建政策。截至 2019 年 12 月底，四川省深度贫困地区易地扶贫搬迁已建成住房

15 408 套，涉及 78 504 人，已搬迁入住 8 571 户，涉及 43 312 人[①]。四川省省脱贫攻坚办印发《关于进一步加大易地扶贫搬迁后续扶持力度的指导意见》（以下简称《意见》）。《意见》要求，到 2020 年年底实现有劳动能力和就业意愿的搬迁贫困家庭至少有 1 人就业。在本研究区域内，2008 年汶川地震中，都江堰、平武是地震重灾区，崇州市和宝兴县为地震较重灾区。2013 年雅安地震，居住在邓池沟山区的农户房屋受到破坏，灾后村民从半山腰搬到了山脚河谷地带进行集中重建，因为 100 多年前的阿尔芒·戴维德神父来此传教并且于此发现了第一只大熊猫，为纪念戴维德神父新建的村子被命名为戴维村（戴维小镇）。该区域也成为生态旅游的重要区域。

秦岭地区生物多样性丰富，同时是地质灾害多发地段，是贫困高发地带。生态移民成为当地减少自然灾害损失，消除贫困，减轻保护与发展矛盾的重要举措。2011 年，陕西省政府通过《陕南地区移民搬迁安置总体规划（2011—2020 年）》，启动“陕南地区移民搬迁安置”工程，涉及搬迁居民 240 万人。“十二五”期间陕南共减少 41 万贫困人口，75.2 万搬迁群众进城入镇，城镇化率提高 8.02%。搬迁群众人均可支配收入也由 2010 年的 4 151 元上升到 2015 年的 8 689 元（乔佳妮等，2017）。通过搬迁，群众生产生活条件得到了根本改善，山区“遭灾—救灾—重建—再遭灾”的恶性循环得以打破，有力助推了土地流转，家庭农场、专业合作社、股份制现代农业公司蓬勃兴起（石长毅，2017）。在本研究区域内，生态移民政策实施力度很大，如皇冠山保护区周边，生态移民和旅游有机结合，对于景区搬迁农户，开发企业选择集镇区位好、商业价值高的新区作为景区，为被征地农民新建安置社区，每户一套房屋，一层为商业铺面，二层为生活用房。解决了移民搬迁后的生计问题，农户可以通过经营或租赁等形式获得旅游开发收益。对于景区内不愿进入集镇定居的，政府完全尊重景区农户意愿，由开发企业在景区内建设农村新社区，进行集中安置。在陕西佛坪国家级自然保护区周边，佛坪县“十二五”期间，将滑坡点、河边、沟边、水库边居住的居民和吊庄户、特困户、土坯房户、两灾威胁户全部列入搬迁计划，共实施移民搬迁 3 579 户 1.288 5 万人，帮助全县 43.3%的农村人口、54.9%的农村户搬出深山，搬迁移民中地灾户有 479

① 资料来源：《2019 四川深度贫困县易地扶贫搬迁“成绩单”出炉》。

户、洪灾户有 621 户、扶贫移民有 1 266 户、生态移民有 1 213 户。累计完成投资 4.02 亿元，建房总面积 39.05 万 m^2，其中集中安置点 24 个，集中安置 3 181 户，集中安置率达 88.9%。据测算，搬迁到位后，全县城镇化率将由 2010 年的 41%提升至 70%（吴燕峰，2015）。在陕西周至和老县城国家级自然保护区周边，根据《陕西省西安市周至县"十三五"移民（脱贫）搬迁专项规划》，"十二五"期间，周至县实施了大规模的移民搬迁，有效确保了黑河水源地及群众生命财产安全。2016—2020 年，周至县计划完成各类移民搬迁 2 324 户 7 912 人。其中，建档立卡扶贫搬迁 1 350 户 4 723 人，生态类 470 户 1 485 人，避灾类 358 户 1 317 人，重大项目建设搬迁 146 户 387 人。

第三节　理论基础与研究假说

生态旅游是在相对未受干扰的自然区域开展的负责任的旅游方式，具有保护环境和提升当地社区福祉的双重作用，是协调保护与发展的重要工具。其对生计的正向作用机制得到广泛认同（余利红，2019）。世界旅游组织（UNWTO）将旅游作为实现联合国可持续发展目标的重要支柱。包括实现可持续经济增长；增加社会包容性、就业和减轻贫困；提高资源利用效率、环境保护、应对气候变化；提升文化价值和文化多样性、保护文化遗产（World Tourism Organization et al.，2017）。

生态旅游作为可持续旅游的重要形式，其对生计影响的机制如下：一是改善了社区基础设施建设；二是提供了非农就业机会，包括直接参与和生态旅游相关的岗位，如经营农家乐、在旅游公司工作，以及参与与生态旅游间接相关的工作，如建筑工人、水电工；三是提供了学习机会，增加了家庭社会资本。生态旅游的开展为周边社区农户尤其是妇女和年轻人提供了就业和培训机会，包括如何经营农家乐、如何在旅游公司工作的培训（Mitchell et al.，2009）。

然而生态旅游对生态的影响存在争议，其产生正向的影响机制，包括通过改善社区生计状况从而减轻社区对自然资源的依赖，具体包括通过旅游促进社区收入的提升，可以负担电力等能源的使用，从而减轻对薪柴的依赖。此外，旅游也带动了非农就业从而分散了在放牧、野生植物采集方面的劳动力。其对生态产生的负向影响机制包括刺激了对自然资源的需求，游客数量的增多使野生植物（包括山野菜、中草药、木耳、香菇）采集量的需求加大，尤其在高海拔区域，交通不便，食材往往自给自足。而寒冷湿润的气候也增加了对薪柴取暖的需求，虽然现代能源（电能、天然气等）已经普及，但成本较高，同时薪柴的使用也符合部分游客体验乡村生活的需求。因而，生态旅游对未参与生态旅游经营的农户来说产生了正向生态效应，而对参与生态旅游的农户则产生了负向生态效应。基于此，提出假说：生态旅游的开展能显著提升参与农户的生计水平，但对生态效果有负向显著影响。

生态移民是因为生态环境恶化或为了改善和保护生态环境所发生的迁移活动，以及由此活动而产生的迁移人口（包智明，2006）。自然保护区周边生态移民的主要目的是为了保护生态环境，同时兼顾扶贫、提高经济收入。在实践中，经常由于政府财政有限，通常政府承担一定的经济投入，移民户也需要承担经济成本。如在皇冠山保护区周边社区，农户需要先拿出数万元才能住进搬迁新房。而移民后，由于远离生产资料和保护区资源，农户对自然资源的威胁程度降低。陕西地区开展的生态移民工程增加了退耕还林面积、森林覆盖率，灾害和极端天气减少（Wang et al.，2018）。虽然移民后农户家庭住房条件和交通状况改善，但由于参与非农就业活动能力有限，在远离土地后无法获得可持续的生计来源。因而提出假说：生态移民开展对生态效果有显著正向影响，但对农户生计提升无显著影响。

同时开展生态旅游和生态移民项目可能会产生相互加强的效果，生态旅游可以提供非农就业机会，满足社区搬迁后可持续生计的需求。而生态移民可以显著改善社区的住房和交通，便捷的交通可以方便地从外部市场获得食材、能源满足经营需求，进而不依赖自然保护区的资源。据此，提出假说：生态旅游和生态移民项目具有协同效应，同时参与两项项目可以显著提升生态和生计水平。

第四节　数据来源与研究方法

一、数据来源

本章数据来源于2018年7—12月课题组对四川和陕西大熊猫自然保护区周边社区开展的社会调查结果。问卷调查的主要信息包括家庭人口基本信息、家庭资源情况、生产经营情况、生计、收入与贫困现状，在此基础上设置了保护与发展专题，主要调查农户保护态度、认知、保护行为与对保护政策的满意度，以及保护与发展政策参与情况。最终本研究共收集问卷 1 270 份，其中四川自然保护区周边社区收集问卷有 620 份，具体的，平武县有 201 份，宝兴县有 172 份，都江堰市有 168 份，崇州市有 79 份。陕西自然保护区周边社区收集问卷 650 份，具体的，周至县有 252 份，太白县有 140 份，洋县有 75 份，佛坪县有 81 份，宁陕县有 102 份。本部分使用的有效问卷有 1 224 份。

二、研究方法

保护区周边农户参与生态旅游经营或生态移民项目不是一个随机行为也不是随机分配的结果，而是农户根据自身家庭条件做出的选择，是自选择的结果，农户是否参与生态旅游经营或生态移民项目不是外生变量，而是虚拟内生变量。因此，在采用最小二乘法估计参与生态旅游经营或生态移民对家庭生计或生态的影响时会产生自选择导致的偏差问题。此外，农户家庭参与生态旅游经营或生态移民可能是由户主特征、家庭特征或其他政策特征决定的，而这些特征同时也会对生计和生态保护效果产生影响，这就导致在估计生态旅游经营或生态移民对生计和生态效果影响时存在内生性问题，即家庭参与生态旅游或生态移民的行为不仅与生计和生态保护效果相关，也与误差项相关。

鉴于此，采用国际上近年比较常用的倾向得分匹配法解决这种由于自选择导致的偏差问题。该方法最早由 Rosenbaum 等于 1983 年提出，通过构建反事实框架将非随机数据近似随机化，即由于数据缺失，无法观测参加生态旅游经营或生态移民的家庭如果没有参与其家庭生计或生态保护效果，只能观测到参与后的状态，据此提出使用“倾向得分”作为农户参与生态旅游经营或生态移民的概率（Rosenbaum et al.，1983）。一般采用 Logit 模型根据影响农户参与生态旅游经营或生态移民的特征计算出每个家庭的倾向得分，这样就可以在没有参与生态旅游经营或生态移民的家庭中找到与参与家庭相似的对照组，构造一个近似随机化的数据。根据 Rosenbaum 等（1983）的定义，处理者的平均处理效应为

$$ATT = \frac{1}{N_1}\sum_{i:D_i=1}(y_{1i} - y_{0i}) \tag{8-1}$$

式中，$N_1=\sum_i D_i$ 为参与生态旅游或生态移民的家庭数；$\sum_{i:D_i=1}$ 表示仅对参与生态旅游或生态移民的家庭进行加总；y_{1i} 表示参与生态旅游或生态移民的家庭参与后的家庭生计或生态效果；y_{0i} 表示参与生态旅游或生态移民的家庭如果没有参加其家庭生计或生态效果。y_{1i} 是可观测的，而 y_{0i} 是一个反事实的结果，需要通过倾向得分匹配在未参与生态旅游经营或生态移民的家庭中估算得出。其基本步骤为选择影响（y_{0i}，y_{1i}）和 D_i 的相关变量 x_i，然后利用 Logit 模型估计农户参与概率的倾向得分，依据概率大小进行倾向得分匹配，通过控制如下 x_i 的每个分量 x 的标准化偏差

$$\frac{\left|\overline{x}_{\text{treat}}-\overline{x}_{\text{control}}\right|}{\sqrt{({s_{x,\text{treat}}}^2-{s_{x,\text{control}}}^2)/2}} \tag{8-2}$$

式中，$\overline{x}_{\text{treat}}$ 和 $\overline{x}_{\text{control}}$ 分别是匹配后处理组和控制组的样本均值；${s_{x,\text{treat}}}^2$ 和 ${s_{x,\text{control}}}^2$ 分别是处理组和非处理组变量 x 的样本方差，匹配后使标准化偏差小于 10%，最后根据匹配后的样本计算平均处理效应。

倾向得分匹配有很多匹配方法，一般认为不存在适用一切情形的完美方法，在实践中，一般采用不同的匹配方法比较其结果，如果结果相似，则说明结果是稳健的（陈强，2014）。在此，本研究依据本身研究的特征以及以往相关研究，主要采用 K 近邻匹配、半径匹配、核匹配、马氏匹配和样条匹配进行具体匹配。

保护与发展政策的生计效果用家庭人均纯收入和多维贫困程度表示，而生态效果采用被调查者保护态度、薪柴采集以及野生植物采集表示。

第五节　结果分析

一、社区家庭社会经济特征描述性统计

被调查的秦岭保护区周边社区社会经济特征如表 8-1 所示，从总体看，被调查户主平均年龄在 49 岁左右，近 90%被调查户主是男性，受教育程度平均在小学及以上。参与生态旅游或生态移民农户和未参与农户在社会经济特征上存在显著性差异。

表 8-1　社区社会经济特征描述性统计及差异分析

变量名	变量解释	生态旅游			生态移民		
		处理组（n=246）	控制组（n=971）	P 值	处理组（n=155）	控制组（n=1 062）	P 值
户主年龄	调查数据/岁	49.4	49.8	0.592	48.5	49.9	0.183
户主性别	1=男，0=女	0.907	0.886	0.352	0.888	0.903	0.571
户主受教育程度	调查数据/a	7.199	5.937	0.000	6.548	6.140	0.160
是否为村干部	1=是，0=否	0.171	0.129	0.087	0.135	0.137	0.946
劳动力数量	调查数据/人	2.372	2.348	0.799	2.555	2.339	0.060
耕地面积	调查数据/亩	10.192	7.987	0.133	8.149	8.474	0.854
林地面积	调查数据/亩	153.5	148.0	0.744	151.0	148.8	0.913
与镇市场的距离	调查数据/km	9.907	14.860	0.000	8.910	14.581	0.000
保护区位置	1=区内+周边，0=区外	0.837	0.750	0.004	0.735	0.772	0.314
海拔高度	调查数据/m	1 375.7	1 431.0	0.123	1 211.0	1 450.3	0.000

具体的，参与生态旅游农户和未参与生态旅游农户在户主受教育程度、是否为村干部、与市场的距离、居住在保护区的位置上存在显著性差异，参与生态旅游农户户主是村干部的比例显著高于未参与农户，达到 17.1%，且受教育程度更高，与市场和保护区的距离显著更近。在户主年龄、户主性别、家庭劳动力数量、林地面积、耕地面积以及海拔高度上不存在显著性差异。参与生态移民和未参与生态移民的农户在家庭劳动力数量、与市场的距离以及海拔高度上都存在显著性差异，参与生态移民的农户家庭劳动力显著多于未参与生态移民的农户家庭，参与生态移民的家庭在与市场的距离以及海拔高度上都显著低于未参与农户。生态移民显著改善了参与农户的交通条件。结果表明生态旅游参与农户和未参与农户以及生态移民参与农户和未参与农户在社会经济特征上存在异质性。

二、农户参与生态旅游和生态移民行为影响因素

应用倾向得分匹配的第一步是估计倾向得分，选择匹配变量是关键，Heckman 等（1997）认为选择无关变量不会影响最终结果，但遗漏变量会产生严重偏差。选择的变量必须同时影响农户参与生态旅游（或生态移民）的行为以及家庭收入，

同时选择的变量不会因为农户是否参与生态旅游（或生态移民）而受到影响（温兴祥等，2015）。因此，在参与生态旅游行为估计上，选择户主年龄、户主性别、户主受教育程度、是否为村干部、家庭劳动力人数、耕地面积、林地面积、与镇市场的距离、保护区位置、海拔高度以及省份变量作为匹配变量；在参与生态移民行为估计上，选择户主年龄、户主性别、户主受教育程度、是否为村干部、家庭劳动力人数以及省份变量作为匹配变量。农户参与生态旅游和生态移民倾向得分的估计结果如表 8-2 所示。

表 8-2 农户生态旅游和生态移民参与行为影响因素分析

变量	生态旅游		生态移民	
	系数	标准误	系数	标准误
户主性别	0.147	0.251	0.084	0.294
户主年龄	−0.002	0.006	−0.017**	0.008
户主受教育程度	0.121***	0.024	0.028	0.027
是否为村干部	0.083	0.209	0.080	0.265
家庭劳动力人数	−0.007	0.058	0.051	0.068
海拔高度	0.000	0.000		
保护区位置	0.545***	0.194		
与镇市场的距离	−0.021***	0.007		
耕地面积	0.004	0.003		
林地面积	0.000	0.000		
省份（1=四川，0=陕西）	0.225	0.187	−0.797***	0.195
常数项	−2.276***	0.555	−1.140**	0.545
观测数目（obs）	1 217		1 217	

注：***，**，*分别表示显著性水平 1%，5%，10%。

可以发现，户主受教育程度、保护区位置、与市场的距离对农户参与生态旅游产生显著影响，户主受教育程度越高、距离保护区越近以及离市场距离越近，其参与生态旅游的概率越高。户主年龄以及省份变量对农户参与生态移民产生显著影响，户主年龄越小以及陕西省的农户参与生态移民的概率越高。

三、保护与发展政策的生态和生计效果

本研究采用 *K* 近邻匹配、半径匹配、样条匹配、核匹配、马氏匹配 5 种匹配

方法对保护与发展政策的生态与生计效果进行估计。为了保证倾向得分匹配的估计质量，需要对 5 种匹配方法做平衡性检验，以检验匹配后处理组与控制组是否存在系统差别，结果如表 8-3 所示。综合考虑匹配后各项指标，在生态旅游的生计和生态效果估计中，*K* 近邻匹配、半径匹配、核匹配和马氏匹配均通过平衡性检验，因而均被用于影响效应评估。在生态移民的生计和生态效果估计中，选择 *K* 近邻匹配、半径匹配、样条匹配、核匹配、马氏匹配结果；在生态旅游和生态移民综合作用产生的生态和生计效果估计中，选择 *K* 近邻匹配、半径匹配、核匹配、马氏匹配估计结果，样条匹配未通过平衡性检验。可以发现，采用上述选择的匹配法匹配后，Pseudo R^2 的值都很小，几乎为零，似然比检验在匹配前在 1% 显著性水平上被拒绝，而匹配后都未被拒绝，标准偏差均值与中位数都大幅度下降，*B* 值都小于 25%。由此可见，经过倾向得分匹配后基本消除了处理组与控制组的可观测变量显性偏差，通过了平衡性检验，倾向得分匹配结果可靠。

表 8-3　匹配方法的平衡性检验

样本	样本使用	匹配	Pseudo R^2	LR chi2	MeanBias	MedBias	*B* 值	*P*>chi2
生态旅游	匹配前		0.05	61.36	13.20	10.30	57.1*	0.00
	匹配后	*K* 近邻	0.00	2.48	3.30	2.60	14.20	1.00
		半径	0.00	1.76	3.00	3.20	12.00	1.00
		样条	0.01	6.06	5.60	4.80	22.30	0.91
		核	0.00	0.59	1.60	1.30	6.90	1.00
		马氏	0.01	6.57	3.90	1.80	23.10	0.89
生态移民	匹配前		0.03	25.83	12.30	11.90	45.0*	0.00
	匹配后	*K* 近邻	0.00	0.75	2.80	2.80	9.80	1.00
		半径	0.00	0.09	1.00	0.50	3.40	1.00
		样条	0.01	3.58	5.80	5.60	21.50	0.83
		核	0.00	1.13	3.90	4.70	12.10	0.99
		马氏	0.00	0.80	2.70	2.70	10.10	1.00
生态旅游+生态移民	匹配前		0.04	19.50	19.40	20.20	60.5*	0.01
	匹配后	*K* 近邻	0.00	0.65	4.30	5.50	14.30	1.00
		半径	0.00	0.09	2.00	1.50	6.40	1.00
		样条	0.02	3.35	9.80	6.60	32.9*	0.85
		核	0.01	1.90	6.50	6.00	24.60	0.97
		马氏	0.01	0.79	2.40	0.60	15.90	1.00

注：*表示 *B* 值大于 25。

社区参与保护与发展政策的生计效果处理效应如表 8-4 所示。总体来看，大熊猫自然保护区周边社区参与生态旅游和生态移民项目对生计产生了显著的正向影响。尤其是生态旅游项目，显著提升了社区的收入水平，显著提升了参与农户69%的人均家庭纯收入，同时显著减轻了 32%的多维贫困程度。参与生态移民虽然没能显著提升农户的家庭人均纯收入，但显著减轻了农户家庭 22%的多维贫困程度。同时参与生态旅游和生态移民项目实现了协同的生计效应，不仅显著提升了参与农户 66%的家庭人均收入水平，同时减轻了 33%的多维贫困程度。因而，在生计效果上，生态旅游和生态移民均产生了正向显著的生计效果，同时两项政策具有协同效应，当同时作用于社区时，可以更好地提升社区的生计水平。

表 8-4　保护与发展政策的生计效果处理效应

结果变量	匹配法	仅生态旅游			仅生态移民			生态旅游+生态移民		
		ATT	*T* 值	*diff*	*ATT*	*T* 值	*diff*	*ATT*	*T* 值	*diff*
人均纯收入	*K* 近邻	7 435***	4.30	74%	962	0.49	8%	9 193	3.65	82%
	半径	6 477***	4.66	64%	1 748	1.26	15%	7 275	2.89	65%
	样条	6 806***	4.52	68%	1 733	1.28	15%	6 978	2.76	62%
	核	6 726***	5.00	67%	1 782	1.31	16%	7 096	2.84	63%
	马氏	7 267***	5.03	72%	1 610	1.23	14%	6 803	2.90	60%
	平均	6 942		69%	1 567		14%	7 569		66%
多维贫困	*K* 近邻	−0.072***	−5.26	−32%	−0.041**	−2.55	−19%	−0.074**	−2.62	−35%
	半径	−0.068***	−5.40	−31%	−0.046***	−3.11	−22%	−0.068**	−2.57	−32%
	样条	−0.070***	−5.26	−32%	−0.048***	−2.90	−23%	−0.070**	−2.58	−34%
	核	−0.071***	−5.76	−32%	−0.046***	−3.00	−22%	−0.067**	−2.56	−32%
	马氏	−0.071***	−5.14	−32%	−0.047***	−3.21	−22%	−0.065**	−2.38	−31%
	平均	−0.070		−32%	−0.047		−22%	−0.069		−33%

注：（1）***、**、*分别表示显著性水平 1%、5%、10%；（2）*diff* = *ATT*/控制组平均值。下同。

社区参与保护与发展政策的生态处理效应如表 8-5 所示，生态旅游和生态移民产生了不同的生态效果。

表 8-5　保护与发展政策的生态效果处理效应

结果变量	匹配法	仅生态旅游			仅生态移民			生态旅游+生态移民		
		ATT	*T* 值	*diff*	*ATT*	*T* 值	*diff*	*ATT*	*T* 值	*diff*
保护态度	*K* 近邻	0.095	1.07	3%	0.116	1.01	3%	0.293**	2.26	9%
	半径	0.096	1.16	3%	0.115	1.28	3%	0.372***	3.41	11%
	样条	0.102	1.63	3%	0.103	1.23	3%	0.357***	2.69	10%
	核	0.098	1.23	3%	0.157*	1.78	5%	0.413***	3.83	12%
	马氏	0.09	1.22	3%	0.160**	1.96	5%	0.411***	3.38	12%
	平均	0.096		3%	0.130		4%	0.372		11%
薪柴消耗	*K* 近邻	1.178***	4.21	50%	−1.308***	−5.92	−47%	−1.529***	−5.24	−58%
	半径	1.11***	3.86	47%	−1.418***	−7.11	−51%	−1.515***	−7.21	−57%
	样条	1.114***	4.27	47%	−1.475***	−7.04	−53%	−1.502***	−7.13	−57%
	核	1.092***	3.84	46%	−1.455***	−7.45	−53%	−1.513***	−7.38	−57%
	马氏	1.178***	4.21	50%	−1.580***	−7.14	−57%	−1.524***	−5.58	−58%
	平均	1.134		48%	−1.447		−52%	−1.52		−57%
山野菜及中草药采集	*K* 近邻	6.519	1.52	40%	−8.882***	−3.40	−45%	−7.336**	−2.20	−40%
	半径	7.436*	1.76	46%	−8.010***	−4.03	−41%	−8.546***	−2.92	−47%
	样条	8.23**	2.10	51%	−7.779***	−4.38	−40%	−8.375**	−2.63	−46%
	核	7.897*	1.89	49%	−9.067***	−4.79	−46%	−9.705***	−3.39	−53%
	马氏	7.598*	1.73	47%	−8.953***	−4.30	−46%	−7.143**	−2.29	−39%
	平均	7.536		46%	−8.434		−43%	−8.182		−45%

在社区保护态度指标上，两项政策都未能提升参与农户的保护态度。而在薪柴消耗和山野菜及中草药采集上，生态旅游显著增加了薪柴消耗和山野菜及中草药采集，显著增加了参与农户家庭 48%的薪柴消耗，增加了 46%的山野菜及中草药采集。而生态移民显著减少了社区自然资源消耗，显著减少了参与农户家庭 52%的薪柴消耗以及 43%的山野菜及中草药采集。生态旅游和生态移民政策的综合作用在生态效果上产生了协同的作用，生态移民政策产生的显著的正向生态效应弥补了生态旅游政策产生的负向的生态效应。两项政策的同时作用显著减少了农户薪柴消耗，显著减少了 57%。同时减少了 45%的山野菜及中草药采集，显著增加了社区保护态度。

综上可知，秦岭自然保护区周边生态旅游的开展产生了显著的生计效果，然而也造成了负向的生态效果；生态移民政策在一定程度上产生了正向的生计效果，主要是减轻了贫困，也产生了显著的正向生态效果。而生态旅游和生态移民两项政策同时作用产生了协同的效果，实现了生态和生计的协调和“双赢”。

第六节　本章小结

本章基于保护与发展政策的多样性，不同的政策在相同的时间作用于社区可能会产生协同或拮抗的效果。因而以生态旅游和生态移民两项政策为例，采用倾向得分匹配法对农户参与生态旅游经营、生态移民政策以及同时参与两项政策产生的生态和生计效果进行分析，发现农户参与生态旅游经营取得了显著的生计效果提升，显著增加了农户的收入水平并且减轻了多维贫困状况，然而也产生了负向的生态效果：一方面，没有显著提升农户的保护态度；另一方面，显著增加了参与农户的薪柴消耗以及野生植物采集数量。生态移民政策虽然对农户的生计提升效果不明显，并未显著提升农户的收入水平，但显著减轻了多维贫困状况。生态移民具有显著的正向生态效果，虽然对农户保护态度提升没有显著效果，但显著减少了薪柴消耗和野生植物采集量。生态旅游和生态移民的政策组合产生了协同的政策效应，不仅显著提升了农户的收入水平，同时也减少了薪柴消耗和野生植物采集数量，并提升了农户保护态度，实现了生态和生计效果提升的“双赢”。

生态移民会产生显著的生态效果，社区对自然资源的利用程度降低，但是其并未产生显著的生计效果，导致部分社区农户返贫。但是生态移民政策如果搭配生态旅游开发，就会产生互补的作用，生态移民的正向生态效果抵消了生态旅游产生的负向生态效果，两者的交互作用产生显著的正向效果。同时生态旅游的正向生计作用在搭配生态移民政策后得到加强。原因在于生态移民导致社区对自然资源的可获得性降低，社区利用自然资源的难度加大，如薪柴、农林土地经营、放牧、山野菜及中草药采集等传统资源利用模式由于交通、距离等因素造成利用受限，但显著改善了农户社区的住房、交通、教育等条件，与市场、县城等距离更近。农户通过这一政策具备了参与生态旅游经营的物质条件，唯一不足的是生态移民也需要农户承担部分住房成本，导致社区参与生态旅游经营的初期投入不足，限制了参与生态旅游经营的规模。因此未来大熊猫国家公园建立后，很多社区被划入核心区，生态移民的需求和规模将进一步扩大。生态移民不仅仅使社区农户搬出国家公园，也不仅仅改善了农户的住房条件，其可持续生计更应该得到关注。生态移民会加大贫富差距，原因在于生态移民改善了交通、提高了获取信息的便捷度，有助于农户非农就业，具有非农就业能力的农户将进一步改善收入状况，获得更多的非农就业收入。而不具备非农就业能力的农户将面临传统农林业经营更多的经营成本，其生计水平会进一步降低，因而即使搭配生态旅游的开展，社区整体的福利水平、收入状况会进一步提升，也不能忽视可能会带来的社区贫富差距加大、社区矛盾增多等问题。为避免出现此类状况，生态旅游的开展应该给贫困农户更多的获益机会，如通过旅游合作社的形式带动贫困户的参与和可持续地获益，否则生态移民将不可持续，即如果社区农户不能获得可持续的生计，他们可能重新回到原住址，这将造成自然资源利用强度加大。

生态移民和生态旅游会产生互相加强的生计效果，同时也会抵消生态旅游带来的负向生态效应，因而在生态移民政策搭配生态旅游时可以实现生态和生计的“双赢”。虽然生态旅游和生态移民的政策组合实现了人与自然耦合系统的生态和生计协调，然而该系统的韧性是不坚固的，以皇冠山自然保护区为例，地方政府引进旅游开发公司，发挥了生态旅游和生态移民政策的协同效应，社区对自然资源的依赖不断减少，住房、卫生、交通等条件得到改善，同时依托生态旅游的开发，社区获得了很多非农就业机会，包括农家乐经营、在旅游企业上班、被雇用参与基础设施建设，从而收入水平和生活质量不断提升。然而这种人与自然耦合系统的韧性较为脆弱，2018 年，陕西省以及中央对秦岭地区开发乱象展开了多次环保督察，在此过程中，不少违章建筑被拆除，很多旅游开发景点被关停，游客数量断崖式减少，旅游公司也停止了旅游开发。受此影响，社区的生态旅游相关收入大幅度减少，而生态移民导致社区土地资源减少。社区农户缺乏生计来源，导致保护与发展矛盾冲突激烈，这体现出人与自然耦合系统的脆弱性，生态旅游和生态移民的政策组合并不是万能的，可持续的生计需要拓宽农户的生计来源，单一的政策无法有效解决生态和生计问题，需要通过多种政策组合坚固人与自然耦合系统的韧性，包括生态旅游、生态移民、生态补偿、生态岗位提供等，实现社区居民的生计多样化。

第九章　生物多样性保护政策优化：政策选择与设计

第一节　引　言

基于上述研究内容，可以充分认识农户生态福利实现对保护政策效果的影响机理。然而政策优化的关键是不仅要提高农户的生态福利，还需要认识农户对不同政策组合的选择偏好。现有的生物多样性保护政策大多是自上而下的推进。这种自上而下的推进模式虽然在一定程度上有利于实现社会最优的政策福利，达到快速有效的保护效果，但是往往容易忽视部分利益相关者（如社区、地方政府）的利益诉求，制约生物多样性保护效率。以大熊猫国家公园建设为例，国家公园建设最早在党的十八届三中全会上提出，后由国家发展和改革委员会推进，并设计了国家公园体制试点方案，大熊猫国家公园是试点之一。2016 年 12 月，国家通过《大熊猫国家公园体制试点方案》。2018 年 10 月 29 日，大熊猫国家公园管理局揭牌仪式在四川成都举行，标志着大熊猫国家公园体制试点工作进入全面推进的新阶段。可以发现，大熊猫国家公园的建立是自上而下从中央到地方，再到大熊猫国家公园管理局进行层层推进的，虽然政策的实施效率很高，但是在此过程中忽视了地方政策以及社区的需求，尤其是社区的利益诉求，因为社区是政策的直接作用对象，其对政策的响应关乎政策实施的可持续性。为此，在政策实施过程中需要重视社区的意愿，本章希望从社区对生物多样性保护政策的参与意愿和偏好视角出发，对政策的实施过程进行优化。

现有研究大多关注保护与发展政策的生计和生态影响。目前关于自然保护区对社区生计产生正向或负向影响的方向还不明确（Brockington et al.，2015）。有部分研究表明自然保护地的建立对社区生计没有显著影响（Miranda et al.，2016；

Clements et al.，2014）。然而大部分研究表明自然保护地的建立加剧了社区贫困（Duan et al.，2017a；Coad et al.，2008；Sherbinin，2008；Cernea et al.，2006；Ferraro，2002）。自然保护地建立的首要目标是保护自然，而不是减贫，大部分保护政策聚焦生物多样性保护，而忽视了社区发展与参与（Wang et al.，2009）。自然保护地建立对社区产生的正向影响也逐渐得到证实（Roe et al.，2013；Andam et al.，2010）。Andam 等（2008）研究表明哥斯达黎加建立于 1980 年的自然保护区能够减少 10% 的周边社区的贫困状况。Ma 等（2019）分析秦岭地区大熊猫自然保护区对周边社区贫困和收入的影响，发现开展生态旅游的自然保护区能显著减少周边社区的贫困状况，但是自然保护区显著降低了周边社区的收入水平，主要原因是野生动物肇事损失。

同时，自然保护地周边生态旅游对社区的影响也是当前研究的热点话题之一。以社区为基础的生态旅游是缓解保护与发展冲突的重要手段之一，自然保护地开展生态旅游的正向生计效果在很多发展中国家得到实现（Demir et al.，2016；Mossaz et al.，2015；Liu et al.，2013）。马奔等（2016a）分析中国七省保护区周边社区参与生态旅游对家庭收入的影响，发现社区参与生态旅游可以显著提升家庭人均纯收入，主要是非农收入水平的提高。Ferraro 等（2014）发现在哥斯达黎加自然保护地周边开展的生态旅游对减贫的贡献达到 2/3。然而由于社区缺乏充足的资金来源、生态旅游经营水平以及便捷的交通条件，在生态旅游发展过程中社区往往参与不足，只有少数家庭地理位置好、经营水平高的社区能够参与（马奔等，2016a）。Lonn 等（2018）也实证分析了哥伦比亚自然保护地生态旅游项目对社区收入和生计变化的影响，发现社区收入状况并未得到显著提升，生态旅游还加剧了社区贫困。Ma 等（2019）也发现生态旅游会加剧社区收入不平等现象的发生，尤其是居住在保护区内的社区。

生态补偿作为协调保护与发展，提升生态系统服务功能水平的重要手段也得到国内外关注。唐鸣等（2012）分析了浙江生态公益林工程对农户生计的影响，发现生态公益林建设能够推动当地社区生计提升。王庶等（2017）采用全国 21 个省份的面板数据，实证分析了退耕还林工程对农民增收、非农就业以及扶贫的影响，结果表明退耕还林工程显著降低了农村居民的收入不平等程度且脱贫效果显著。综合来看，林业生态补偿的生计提升效果得到国内学者的公认和实证检验。

然而，在自然保护区周边开展的天然林保护、退耕还林等生态补偿工程造成了农户失地化现象（段伟等，2015）。关于生态补偿项目评估的研究越来越多，然而现有的大部分案例研究缺乏量化分析和准确的模型估计，在项目评估效果上，大多数研究聚焦单一的生态有效性或社会公平，项目的经济效率被忽视且缺乏同时考虑三者的项目评估案例（Yang et al.，2018c）。

可以发现，现有的研究大多关注保护与发展政策产生的影响，在社区层面，主要是对社区生计效果的影响评估，尤其在保护与发展政策效果评估上，现有研究取得了显著的成果。但目前研究也忽视了从社区需求和偏好层面分析保护与发展政策的实施路径，且对保护与发展政策的评估大多是分开的，不符合现实中政策实施相互影响、共同作用的情况。为此，本章从社区偏好视角聚焦保护与发展政策的实施过程，探讨农户保护政策参与意愿及政策选择偏好。目前已有研究从利益相关者偏好视角探究保护与发展政策的优化，Pienaar 等（2014）采用选择实验法的研究框架，从社区视角分析了以博茨瓦纳社区为基础的自然资源管理项目中管理措施对社区参与保护的影响，研究发现，太阳能动力项目、工作培训、现金补偿、生态岗位都能激励农户参与反对非法狩猎、恢复野生动物栖息地以及监测野生动植物的活动中。Lee 等（2016）采用选择实验模型分析南非私人生态旅游狩猎区的游客对犀牛保护管理政策的偏好，发现游客支持出售囤积的犀牛角，但是强烈反对引入战利品狩猎以及飞镖投掷犀牛经验的延续。蓝菁等（2017）基于选择实验法研究了公众对不同生物资源的保护偏好，发现公众优先保护“中国特有”“繁育技术不成熟”的物种，与政策和保护组织优先保护“濒危”物种的保护政策不一致。潘丹（2016）运用选择实验法，采用多元 Logit 模型以及随机参数 Logit 模型分析了农户对不同牲畜粪便污染处理政策的选择，发现农户对不同的牲畜粪便污染治理政策的偏好程度具有较大差异。现有基于选择实验模型从利益相关者偏好视角对政策进行优化改进的研究取得了较好的效果，为本研究提供了良好的基础与借鉴。

选择实验模型基于现实的政策场景，通过设置未来可能的政策变化了解被访者对未来政策的需求。作为保护与发展政策的主要实施对象，社区对政策的支持和参与意愿是政策效果的重要体现，直接关系到政策是否可持续以及能否产生显著的生态和生计效果，从社区偏好视角了解政策需求也是政策优化改进的重要方向。为此，本章基于陕西秦岭 4 个保护区周边社区的调查数据，运用选择实验法，借助混合 Logit 模型对生物多样性保护政策的偏好进行分析，最终发现农户对保护政策的偏好和响应、政策之间关联关系，进而为保护政策优化提供依据。

第二节　实验设计与变量选择

一、属性与状态水平设置

选择实验设计的核心是确定方案的属性和水平。本研究的目的是了解国家公园周边社区对保护与发展政策的参与意愿和偏好，具体属性和对应的水平如表 9-1 所示。

表 9-1　保护与发展政策组合属性和水平

<table>
<tr><th>属性</th><th>水平</th><th>各水平解释</th></tr>
<tr><td rowspan="2">国家公园建设</td><td>维持现状</td><td>维持现有的自然保护区管理状态</td></tr>
<tr><td>建立国家公园</td><td>社区纳入大熊猫国家公园进行管理</td></tr>
<tr><td rowspan="2">生态旅游开发</td><td>维持现状</td><td>维持现有的旅游开发力度</td></tr>
<tr><td>增加景点开发</td><td>进一步加大旅游开发力度，增加旅游景点，吸引更多游客</td></tr>
<tr><td rowspan="4">生态公益林补偿年限</td><td>1 a</td><td rowspan="4">公益林补偿年限</td></tr>
<tr><td>5 a</td></tr>
<tr><td>10 a</td></tr>
<tr><td>15 a</td></tr>
<tr><td rowspan="2">生态岗位</td><td>不提供</td><td>政府不提供生态岗位给农户</td></tr>
<tr><td>提供生态岗位</td><td>政府提供适合农户的生态岗位，如护林员、湿地保护员等</td></tr>
<tr><td rowspan="4">生态公益林补偿标准</td><td>0 元/（亩·a）</td><td rowspan="4">由政府每年将补偿金额转入农户的银行卡</td></tr>
<tr><td>1～10 元/（亩·a）</td></tr>
<tr><td>11～20 元/（亩·a）</td></tr>
<tr><td>21～30 元/（亩·a）</td></tr>
</table>

问卷调查于 2018 年 7—10 月在陕西秦岭 7 个保护区周边社区开展。数据收集时还处于大熊猫国家公园试点探索阶段，并未明确管理机构和边界，因此本研究

调查区域仍然以自然保护区为主。未来国家公园建立后，现有的保护与发展政策无法满足生物多样性保护和社区发展的需求，因而本研究在现有保护与发展政策的基础上，提出可供社区选择的参与方案，进而了解社区对保护与发展政策的需求，为政府实施相关政策、了解社区需求提供决策参考。具体方案的设计过程如下：首先在阅读国内外相关文献以及研究区域政策实施相关文件的基础上，对自然保护区管理者、村干部、普通农户对自然保护区管理政策、生态旅游的开展、生态公益林补偿、生态岗位的参与等问题进行了焦点问题访谈，了解不同利益相关者（主要是社区）对当前保护与发展政策评价及未来发展方向的需求。然后在此基础上初步选取了相关属性和水平，同时与自然科学和社会科学领域保护区研究方面的专家，以及自然保护区管理者对属性和水平的合理性和可操作性进行咨询研讨，不断完善属性和水平的设计。最终确定将保护区的面积、生态旅游开发、公益林补偿年限、生态岗位提供、公益林补偿标准作为保护与发展政策的属性变量。

自然保护区是指对有代表性的自然生态系统、珍稀濒危野生动植物物种的天然集中分布区、有特殊意义的自然遗迹等保护对象所在的陆地、陆地水域或海域，依法划出一定面积予以特殊保护和管理的区域。在大熊猫国家公园正式成立前，大熊猫及其栖息地的保护以自然保护区为主，秦岭地区先后建立了保护大熊猫的各类自然保护区共 16 个，为秦岭大熊猫种群的生存发展提供了强有力的保障。然而以自然保护区为主体的保护体系无法解决大熊猫栖息地破碎化问题，为此政府建立横跨川、陕、甘三省的大熊猫国家公园试点，总面积为 27 134 km^2，使保护面积进一步扩大，很多保护区范围外的社区即将被纳入保护区域内。为此，本研究将自然保护区面积属性变量为维持不变以及在现有基础上向外延伸 10 km，以期了解社区对自然保护区面积扩大的响应和政策需求。

生态旅游是协调保护与发展的重要手段之一。在访谈过程中，社区对生态旅游开发的需求最为迫切，大多数社区认为从事生态旅游活动比从事农林业生产收入高，且参与生态旅游的热情很高，但对当前周边生态旅游的开发状况并不满意，主要表现在社区参与不足、生态旅游开发不够充分，无法有效吸引游客等方面。因而，生态旅游属性变量的水平分为维持现状和增加景点开发两类。

自然保护区的建立纳入很多社区集体林地，这部分林地大多被划入国家级或省级生态公益林，当前集体和个人所有的国家级公益林补偿标准为每年每亩 15 元。省级财政森林生态效益补偿基金平均标准为每年每亩 5 元。补偿基金的补偿对象为公益林的所有者或经营者。公益林所有者或经营者为个人的，补偿基金支付给个人。在访谈过程中，社区对当前的补偿标准并不满意，尤其是位于保护区内和周边的社区农户，认为现有的保护政策对社区生计的限制比保护区外社区更加严格，应该提高补偿标准，但同时大多数农户也表示如果政府提供生态岗位或者能够参与生态旅游，可以降低补偿标准。另外，目前也没有明确生态公益林的补偿期限，补偿金额由政府每年转给农户，所以大多社区居民希望能够明确具体的公益林补偿期限，且政府在补偿期后能够根据新的保护与发展状况对补偿方案进行调整，1 a、5 a 和 10 a 是不同社区居民偏好的补偿周期时间。因而，生态公益林补偿金额属性的水平分为 0，1～10 元/（亩·a），11～20 元/（亩·a），21～30 元/（亩·a）。在数据分析过程中，取各个区间的平均数来处理，例如 1～10 元/（亩·a）的区间平均为 5 元/（亩·a）。生态公益林的补偿期限属性的水平分为 1 a、5 a、10 a、15 a 4 类。

生态岗位是社区参与生物多样性保护的重要方式之一，是以社区为基础的自然资源管理的重要措施。社区通过成为护林员等形式参与森林巡护，不仅可以提升社区生计，同时也可以缓解保护机构管理人员的工作压力，实现保护与发展的“双赢”。社区参与生态岗位在调查区域周边已有实践，但是社区参与不足，每个村只有极少数人能够获得岗位。在访谈中，大多数农户对参与生态岗位热情很高。生态岗位设置是大熊猫国家公园总体规划中社区参与的重点，未来将会有更多的社区参与生态岗位。生态岗位属性的水平分为不提供生态岗位和提供生态岗位两类。

本研究对保护政策进行分析，将保护政策分为激励型政策和约束型政策两种，进一步分析政策之间的关联关系，从而为下一步保护政策调整和优化提供依据。本章从农户偏好视角出发，利用选择实验法分析不同生态福利实现程度的农户对不同保护政策的偏好，具体选择实验的方案和属性水平如表 9-1 所示。

新的时期，为了进一步解决现有以自然保护区为主体的大熊猫栖息地及物种保护存在的多头管理、栖息地破碎化等问题，政府成立了横跨川、陕、甘三省的大熊猫国家公园。在陕西片区，超过两万人被纳入国家公园内，未来社区生计将受保护政策的限制，政府将通过发展生态旅游、提供生态岗位以及加大生态补偿等措施来协调保护与发展的矛盾。为此，本研究不仅了解国家公园建设、生态旅游、生态岗位、公益林补偿年限以及公益林补偿金额属性变量的主效应影响，同时测度被调查者个体和家庭特征、生态旅游开展、生态岗位提供，以及公益林补偿金额、年限和国家公园建设的交互效应，以期了解不同特征农户对保护与发展政策的偏好。

二、调查问卷设计

在确定实验设计的属性和水平后，需要据此设计农户调查问卷，理想情况下采用全因子设计，可以满足正交性（可供选择的选择项互不相关）与平衡性（可供选择的选择项每列每个属性水平出现的次数相同）。全因子设计不仅可以计算属性变量的主要效应，同时也可以分析不同属性变量之间的交互效应。全因子设计需要考虑所有属性及其状态水平的组合，即总共可以得到 128（2×2×4×2×4）种社区参与保护与发展政策组合的选择项，农户需要对 C_{128}^{2} 个保护与发展政策属性组合方案进行比较后作出选择，但这在现实中并不可行。因此需要采用部分因子设计降低选择项的个数。本研究基于 Stata15 采用 *D-efficiency* 测度方法进行部分因子设计。其主要原理如下。

农户 n 选择第 j 个保护与发展政策属性组合的条件 Logit 概率为 P_{nj}。

$$P_{nj} = \frac{\exp(x'_{nj}\beta)}{\sum_{j=1}^{J}\exp(x'_{nj}\beta)} \quad (9\text{-}1)$$

研究目的是估计参数 β 的大小，即农户对不同属性变量的偏好。因而构建选择集方案是为了对参数 β 的估计尽可能精确。而参数估计的精确度可以用估计系数 β 的方差-协方差矩阵表示，在条件 Logit 模型下，该矩阵表示为

$$\Omega = \left[\sum_{n=1}^{N}\sum_{j=1}^{J} z'_{nj} P_{nj} z_{nj}\right]^{-1} \quad (9\text{-}2)$$

其中

$$z_{nj} = x_{nj} - \sum_{j=1}^{J} x_{nj} P_{nj} \tag{9-3}$$

该表达式是基于属性参数的估计系数进行计算的。该研究实验设计时无法提前观测到属性参数的估计系数，可以通过预调研估计出属性参数的系数大小或者在没有预调查基础上给定参数的估计系数大小为 0 来计算方差-协方差矩阵。有效率的实验设计要求在给定属性参数的估计系数的基础上，构建实验设计实现方差-协方差矩阵的最小化。在多种不同的最小化该矩阵的效率测度方法中，最常用的是采用 *D-efficiency* 值，其表达式为

$$D\text{-}efficiency = \left[|\Omega|^{1/k}\right]^{-1} \tag{9-4}$$

式中，k 是模型中参数的数量。*D-efficiency* 估计就是寻找出能够使该效率值最大的实验方案设计。该测度法称为 *D-efficient* 设计。在非假设的条件下，如果选项方案没有吸引力，实验参与者会推迟或拒绝做出选择，因此选择实验设计中省略“不选择”选项会限制实验参与者做出有效决策。每个选择实验卡由 2 个不同的“改变”选项和“不选择”选项组成（Adamawicz et al.，1998）。一般而言，被调查者辨别轮廓超过 20 个将会产生疲劳（Allenby et al.，1998），必须减少轮廓数以提高消费者的选择效率。采用 *D* 效率模型设计出的选择实验方案，最后共产生 16 个选择集，包括 32 个选择项，考虑到被调查者辨别超过 20 个选择项将会产生疲劳进而影响选择效率，为此采用 Stata 中 block 命令分成两套实验方案，被调查者只需要在 8 个选择集中做出选择，减少了被调查者和调查者的工作量，提高了选择效率，具体将采用 Stata 中的 dcreate 命令基于修正的 Fedorov 运算法则进行选择（Carlsson et al.，2003；Zwerina et al.，1996；Cook et al.，1980）。

第三节　数据来源与研究方法

一、数据来源与描述统计

本章数据来源于 2018 年 7—9 月课题组对陕西秦岭周至、长青、佛坪、皇冠山 4 个自然保护区周边社区的调查结果。同时为了优化选择实验的调查方案，项

目组在 2017 年 8 月于上述保护区开展了关键人物访谈和预调研，具体访谈对象包括自然保护区社区共管科管理人员、村干部以及村民代表。管理人员访谈目的是了解本实验方案设计的属性与水平是否与现实吻合，与村干部以及村民代表访谈主要是了解社区是否能够很好地辨别各个选择项，从而做出选择。预调研结果显示，80%以上的农户可以在调查员的帮助下完成保护与发展政策属性组合的选择。根据预调查的结果，课题组对实验方案进行了调整优化，并于 2018 年正式开展调查。考虑到该调查对调查员在实验目的、调查方法以及调查技巧等方面的要求较高，因而除周至保护区外，皇冠山、佛坪以及长青保护区的调查问卷均由项目组 12 位博士以及硕士成员完成，周至保护区由社区科调查经验丰富的两位工作人员完成，所有调查者都经过严格的培训，对方案设计、实验目的以及调查技巧都有充分的了解。在具体调查前，调查员会将各个属性和水平向被调查者进行解释，并告知被调查者这些只是假设未来会发生的保护与发展政策。调查时，调查员会对每个政策属性组合的表达含义进行解释，并让被调查者做出选择，被调查者可以不参与任何一个选择项。最终共收到选择实验问卷 260 份，剔除部分被调查者无法理解实验内容以及拒绝做出选择的样本，共得到有效问卷 219 份，其中佛坪保护区周边社区有 41 份，皇冠保护区有 60 份，长青保护区有 50 份，周至保护区有 68 份。主要问卷变量解释及描述性统计如表 9-2 所示。因变量的平均值为 0.45，体现出 90%的农户都在政策组合方案中做出了选择，现有保护与发展政策方案组合对农户具有较强的吸引力。

表 9-2　主要问卷变量及描述性统计

变量	变量定义	样本量	平均数	标准差
Y	农户在每个选项中的选择（1=选择此政策组合；0=不选择该政策组合）	3 504	0.45	0.50
国家公园	国家公园建立（1=纳入国家公园建设；0=维持现状）	3 504	0.50	0.50
旅游	生态旅游发展（1=增加生态旅游景点开发；0=维持现状）	3 504	0.50	0.50
补偿年限	生态公益林补偿年限/a	3 504	8.00	7.00
岗位	保护部门是否提供生态岗位（1=是；0=否）	3 504	0.50	0.50
补偿金额	生态公益林补偿金额［0=0 元/（亩·a）；5=1～10 元/（亩·a）；15=11～20 元/（亩·a）；25=21～30 元/（亩·a）］	3 504	12.50	12.50
年龄	户主年龄/岁	219	51.56	12.04

变量	变量定义	样本量	平均数	标准差
教育	户主受教育程度/a	219	6.81	3.50
村干部	户主是否为村干部（1=是；0=否）	219	0.13	0.33
保护区	是否居住在保护区内（1=是；0=否）	219	0.56	0.50
林地面积	家庭林地面积/亩	219	78.11	121.68
收入	家庭人均纯收入/元	219	10 575	13 764

样本的描述性统计如表 9-3 所示。被调查者以男性为主，这主要是由于调查对象基本为家庭户主。50 岁以下的被调查者占到 50%以上，平均年龄为 51.6 岁，受教育程度主要集中在小学和初中两个阶段，户主平均受教育程度为 6.8 年。家庭林地面积主要在 200 亩以下，以 50～100 亩居多。50%以上被调查者家庭人均纯收入低于 8 000 元。平均家庭人均纯收入为 10 575 元。

表 9-3　调查农户基本特征

特征描述		样本数	百分比
被访者性别	男	200	91.32%
	女	19	8.68%
被访者年龄	40 岁及以下	35	15.98%
	41～50 岁	82	37.44%
	51～60 岁	71	32.42%
	61～75 岁	29	13.24%
	75 岁以上	2	0.91%
被访者受教育程度	文盲（0 年）	10	4.57%
	小学（1～6 年）	82	37.44%
	初中（中专）（7～9 年）	92	42.01%
	高中（大专）（10～12 年）	26	11.87%
	大学及以上（13 年及以上）	10	4.57%
家庭林地面积	10 亩及以下	45	20.55%
	11～50 亩	45	20.55%
	51～100 亩	66	30.14%
	101～200 亩	40	18.26%
	200 亩以上	23	10.50%

特征描述		样本数	百分比
家庭人均纯收入	＜5 000 元	63	28.77%
	5 000～8 000 元	64	29.22%
	8 000～10 000 元	29	13.24%
	10 000～15 000 元	47	21.46%
	15 000 元以上	16	7.31%

二、研究方法

选择实验模型是一种用于处理在显示性偏好数据缺失的情况下通过设置一系列选择项来诱发偏好的定量分析方法。选择实验是陈述性偏好法的一种，相比于显示性偏好只能观测到被调查者在现实已经发生的事件中的选择，而无法观测并未发生但未来可能会发生的情景的选择，通过咨询被调查者在不同假设情境下的选择，选择实验可以观测到被调查者对可能发生的情景的偏好。该方法通过询问了解被调查者在不同可选择的情境下的选择偏好。该方法以随机效用理论为理论基础，基于经济合理性和效用最大化的假设（Hall et al.，2004）。在陈述偏好时，个体被假定为会选择能够带来个体最大效益的选择集，即个体的选择基于效用最大化，并且选择集的效用是基于属性和方案的组合（Lancaster，1966）。

基于 Lancaster（1966）的随机效用理论，农户是否参与生物多样性保护政策取决于影响保护效果的具体政策属性变量。具有不同属性的保护政策对农户是否参与保护政策具有显著影响。假设保护政策的属性组合由国家公园建设、补偿年限、生态旅游发展、生态岗位和生态公益林补偿 5 个属性及其相对应的状态水平随机组合而成，农户会基于自身效用最大化来选择适合自身参与保护的政策属性组合。具体的，农户 n 选择第 i 个保护政策属性组合的总效用 U_{ni} 可以表示为

$$U_{ni} = V_{ni} + \varepsilon_{ni} \tag{9-5}$$

$$V_{ni} = \sum_{k=1}^{5} x'_{ik} \beta \tag{9-6}$$

式中，V_{ni} 是可观测属性组合的效用；x'_{ik} 表示第 i 个保护政策的属性组合向量的第 k 个政策属性变量；β表示属性参数的向量；ε_{ni} 表示不可观测部分效用的随机误差项。

农户 n 选择某个由保护与发展政策组合的方案 i 的概率为

$$\begin{aligned} P_{ni} &= \Pr\left(U_{ni} > U_{nj}\right) \forall j \neq i \\ &= \Pr\left(V_{ni} + \varepsilon_{ni} > V_{nj} + \varepsilon_{nj}\right) \forall j \neq i \\ &= \Pr\left(\varepsilon_{nj} - \varepsilon_{ni} < V_{ni} - V_{nj}\right) \forall j \neq i \end{aligned} \tag{9-7}$$

在分析选择实验模型数据时，通常假设随机项相互独立且服从独立同分布（IID）类型 1 极值分布，根据 McFadden（1974），农户的选择概率为

$$P_{ni} = \frac{\exp(\sigma_n V_{ni})}{\sum_{j=1}^{J} \exp(\sigma_n V_{ni})} \tag{9-8}$$

该选择带来的效用 V_{ni} 可以表示为具体的线性参数函数，即

$$V_{ni} = x'_{ni}\beta + z'_n\gamma_i \tag{9-9}$$

式中，σ_n 为标度参数，通常标准化为 1，假设 ε_{nj} 是同方差。x'_{ni} 是既随个体 n 而变也随方案 i 而变的解释变量，z'_n 是只随个体而变的解释变量。通常在 Stata 采用 asclogit（alternative-specific conditional logit）命令对条件 Logit 模型进行估计。然而条件 Logit 模型假设农户偏好同质，随机项相同且独立分布，其可能因不相关选择的独立性导致偏误（吴林海等，2014）。现实中农户同质性假设与实际情况不合，农户偏好是异质的（Verhofstadt et al.，2014；Lybbert et al.，2012；钟甫宁等，2008）。为此，混合 Logit 模型被认为是研究农户存在异质性偏好下决策行为的较为合适的方法。混合 Logit 模型可以模拟任何随机效用模型（McFadden et al.，2000），当需要一个受访者做出多次重复选择时尤为有效（Brownstone et al.，1998）。混合 Logit 模型农户的选择概率为

$$P_{ni} = \int \frac{\exp\left(x'_{ni}\beta\right)}{\sum_{j=1}^{J} \exp\left(x'_{nj}\beta\right)} f(\beta \mid \theta)\ \mathrm{d}\beta \tag{9-10}$$

式中，$f(\beta \mid \theta)$ 是 β 的密度函数。混合效率模型允许所有系数在不同农户间存在不同，意味着允许农户偏好存在异质性。为此，本研究采用混合 Logit 模型对农户对不同保护与发展政策的选择偏好进行分析。在 Stata 中估计混合 Logit 模型通常使用最大模拟似然进行估计，其估计命令为 mixlogit（Hole，2007）。

为了分析不同保护与发展政策的边际价值，本研究计算非价格选择属性单位

变化价值（边际价值）的点估计，即边际接受意愿（Marginal Willingness to Accept，MWTA），其代表了价格属性对其他属性的边际替代率（Morrison et al.，2002）。其计算公式为

$$MWTA = -\frac{\beta_{nk}}{\beta_{nc}} \quad (9\text{-}11)$$

式中，β_{nc} 是生态公益林补偿政策属性的估计系数；β_{nk} 是其他保护与发展政策属性估计系数。

第四节　模型估计结果与讨论

一、不同保护与发展政策属性变量对农户参与保护影响

如表 9-4 所示，不同保护与发展政策属性都能够显著提升农户参与保护的意愿。建立大熊猫国家公园可以显著提升农户参与保护的概率。这表明农户对大熊猫国家公园的建设持有积极态度。大多数农户对国家公园概念、管理体制并不了解，现有的以自然保护区为主体的自然保护地体系过多强调物种及其栖息地的保护，严格的保护管理忽视了社区参与和社区的利益。随着城镇化、非农就业机会增多，社区对自然资源的依赖不断减少（Ma et al.，2018；段伟，2016），但是自然保护区建设给社区发展带来的限制仍然存在，保护并未能够带来社区生计的提升，因此社区对当前的自然保护区建设与管理现状并不满意，新的以国家公园为主体的自然保护地体系强调了社区参与的重要性，受到社区的期待。改善当前保护区周边生态旅游的发展现状对社区参与保护意愿提升有重要作用，可以增加154%的社区参与保护与发展政策方案概率。随着气候变化以及城市居民物质水平的提高，秦岭生态旅游的需求越来越旺盛（郑杰等，2018），然而现有的生态旅游发展在吸纳社区参与上明显不足，只有少数居住地理位置好（距离景点、主要道路近）、经营能力强的家庭可以参与获益，大多数家庭无法有效参与获益（马奔等，2016a），但生态旅游带来的减贫及福利提升效应是显著的，其带来了居住环境、交通设施的改善，非农就业机会增多等益处，对社区生计的提升效果是显而易见的，但其可能也会带来环境污染、收入不平等等负向影响（马奔等，2019）。

因而在未来自然保护区管理中，生态旅游开展是以社区为基础的自然资源管理的重要手段之一，也是提升社区参与保护的重要机制。

表 9-4　农户保护与发展政策属性偏好的混合 Logit 估计结果

变量	平均值		标准差	
	系数	标准误	系数	标准误
属性				
国家公园	0.314*	0.180	−0.969***	0.352
旅游	1.540***	0.334	3.971***	0.395
补偿年限	0.020*	0.011	0.050***	0.015
岗位	1.218***	0.250	3.461***	0.373
补偿金额	0.082***	0.013	−0.137***	0.014
交互				
年龄×国家公园	−0.037	0.023	−0.036***	0.006
年龄×旅游	0.000	0.001	−0.003***	0.000
年龄×补偿年限	−0.005	0.005	0.000***	0.000
年龄×岗位	0.297***	0.043	0.017***	0.006
年龄×补偿	0.099***	0.026	0.000	0.004
教育×国家公园	0.007*	0.004	−0.009***	0.003
教育×旅游	0.860***	0.108	0.344***	0.049
教育×补偿年限	−0.210***	0.067	0.280***	0.050
教育×岗位	0.004	0.003	0.006***	0.002
教育×补偿	−0.008	0.060	−0.030	0.035
村干部×国家公园	0.348	0.680	0.170	0.669
村干部×旅游	6.626***	1.494	9.766***	1.485
村干部×补偿年限	0.022	0.047	−0.282***	0.063
村干部×岗位	3.446***	0.756	−4.273***	1.512
村干部×补偿	0.082**	0.036	−0.266***	0.060
保护区×国家公园	1.088**	0.498	−2.330***	0.526
保护区×旅游	2.144***	0.590	6.828***	0.953
保护区×补偿年限	−0.008	0.028	−0.069**	0.027
保护区×岗位	1.497***	0.543	1.409***	0.442
保护区×补偿	−0.016	0.021	0.059***	0.014
林地×国家公园	0.035	0.199	0.600***	0.131
林地×旅游	0.558**	0.250	2.192***	0.229
林地×补偿年限	−0.043***	0.010	−0.001	0.004

变量	平均值		标准差	
	系数	标准误	系数	标准误
林地×岗位	0.257	0.207	2.140***	0.251
林地×补偿	0.055***	0.014	0.020***	0.008
收入×国家公园	0.157	0.460	0.203	0.310
收入×旅游	1.046*	0.562	3.038***	0.516
收入×补偿年限	−0.038	0.026	0.062***	0.022
收入×岗位	−0.233	0.654	3.278***	0.443
收入×补偿	0.028	0.023	0.117***	0.021

注：①属性变量的回归结果未加入交互项，因而其边际系数可以直接解释。②考虑到减少共线性及一次回归的参数数量，个体特征交互项分别单独纳入解释变量，同时加上属性变量分别进行回归，得到回归系数。③标准差的估计系数是不相关的，可以解释为正向影响。

国家公园建立后，保护面积进一步扩大，不可避免地会将与农户农林业生产息息相关的耕地和林地纳入保护范围，尤其是社区的集体林地。作为大熊猫栖息地的重要组成部分，其利用必将受到严格的限制，包括林产品、薪柴、木材采集，因而生态公益林补偿方案的制定至关重要。虽然目前政府已经制定出了完善的生态公益林补偿方案，但是社区农户对其并不满意。原因在于现有的补偿方案是自上而下的，其补偿金额每年来源并不稳定，在村级层面缺乏有效的监管机制，社区对每年的补偿金额被动接受，缺乏响应和反馈机制，不能成为农户稳定的收入渠道。位于自然保护区内及周边的林地资源往往具有更重要的生态价值以及经济价值，其对农户的生计也更为重要，但是现有的补偿标准在整个区域层面是一致的，并没有针对生态区位极为重要、生物多样性丰富的地区提高补偿标准。回归结果显示农户更加偏好补偿年限长的补偿方案，说明社区希望能从生态公益林补偿中获得稳定的收入。补偿金额对社区参与具有显著正向影响。生态岗位的提供对社区参与保护方案也具有显著的正向影响。生态岗位提供是社区实现可持续发展的重要机制，尤其对贫困农户收入增加有重要作用。生态岗位是农户直接参与保护的平台，是农户从生态保护中获得的直接的非农收入，而且其准入门槛低，在未来保护面积进一步扩大而保护管理人员没有增多的情况下，生态岗位的设置对物种及其栖息地保护至关重要。

从标准差系数看，5 个属性变量的系数均显著，表明农户对该 5 项保护与发展政策的偏好存在较大的异质性，进一步说明条件 Logit 模型不适合本研究，而采用混合 Logit 模型处理农户的异质性非常必要。

二、农户社会经济特征对保护与发展政策偏好的影响

在社会经济特征选取中，年龄、受教育程度、是否为村干部、家庭林地面积以及家庭收入、家庭居住在保护区的位置作为被访农户社会经济特征的重要体现。随着城镇化以及农村中小学学校撤并，自然保护区周边社区的农户大多为留守老人，未来随着子女受教育程度的进一步提高，社区老龄化现象会更加严重。

回归结果表明年龄大的农户更加偏好于选择生态补偿金额高以及提供生态岗位的政策组合，这部分农户参与生态旅游经营能力有限，对新的国家公园建设了解较少且参与意愿不高，关心如何能够获得直接经济来源的问题。生态补偿金额和生态岗位都是可以为农户带来直接经济收入的政策，因而在保护与发展政策中受到年龄大的农户的偏好。

受教育程度高的农户更加偏好参与国家公园建设以及发展生态旅游。受教育程度高的农户能够更好地从各种信息媒介中了解当前政府对国家公园建设的重视，以及国家公园建设能够为社区带来很多的非农就业机会。同时受教育程度高的农户其参与生态旅游经营能力强，可以从生态旅游发展过程中获得福利，因而其偏好参与国家公园建设以及发展生态旅游。

村干部更倾向于选择加大生态旅游开发、加大生态补偿额度以及提供生态岗位，这三者都是社区发展的重要推动力，而对参与国家公园建设以及补偿年限的偏好则不显著。对于部分生态旅游开发较为充分的自然保护区，如皇冠山保护区，周边社区村干部并不支持国家公园建设，认为国家公园建设以保护为主要目的，会限制当前的生态旅游开发和自然资源利用。在部分贫困、保护严格的限制区域，如周至保护区内社区，社区基础设施建设不完善，村干部对国家公园建设比较支持。

居住在保护区内的社区对改变当前保护与发展政策现状的意愿较为强烈，对国家公园建设、生态旅游、公益林补偿金额以及生态岗位提供均有显著的正向偏好。位于自然保护区内的社区受保护政策的严格限制，大部分自然保护区政策过多强调自然保护，忽视了社区的利益，因而自然保护区内社区对新的国家公园建设比较期待。保护区内的社区大多数位于自然景观美丽、生物多样性丰富的地区，

具备生态旅游发展的必要条件。在生态岗位提供以及生态公益林补偿方面，保护区内外社区并未存在明显的区别，因而未来国家公园建设应该更多地考虑自然保护区内社区的发展和受益机会。

家庭林地面积大的农户更加偏好于生态旅游开发、较短的补偿年限以及较高的补偿金额，对国家公园建设以及生态岗位提供没有很强的偏好。家庭拥有更多林地的农户具备开展生态旅游的物质条件，丰富的林地资源可以开展林下景观观赏、垂钓、林下种养殖等活动，同时可以提供丰富的山野菜、蘑菇、木耳等食物，而较短的补偿年限有利于林地资源丰富的农户争取更多的补偿机会。

收入高的农户家庭更加偏好生态旅游开发以及国家公园建设，其对其他保护与发展政策偏好不显著。收入高的农户会更加满足于现有的发展现状。对于国家公园建设，虽然可以实现更好的自然保护，带来就业机会，但也可能使保护强度增大，限制自然资源规模化利用。在现有的生态公益林补偿金额方面，即使政策的改变可能会使其有所提升，但这部分也仅占家庭收入的小部分。此外收入较高的农户有更多的非农就业渠道，其对生态岗位的需求也并不强烈。这部分农户参与生态旅游开发的能力更强，包括参与生态旅游经营、在开发中获得非农就业机会。即使不能参与，生态旅游开展也会提升其文化功能福利，获得更好的景观观赏、游憩等娱乐体验，完善周边区域的基础设施建设，福祉水平也能得到更好的提升。

在混合 Logit 回归过程中，考虑到 Logit 回归属于广义线性模型，表达能力受限，本研究将家庭林地面积、人均纯收入离散化处理，可以起到简化模型、降低模型过拟合风险、易于模型的快速迭代及提升模型表达能力的作用。

综上所述，不同社会经济特征农户对保护与发展政策偏好存在差异，因而在未来政策设计过程中需要综合考虑农户在社会资本、资源禀赋和区位条件上存在的差异，避免在实施过程中造成“精英捕获”现象。

三、农户对保护与发展政策的偏好程度分析

农户对不同保护与发展政策的偏好存在差异，了解农户对不同保护政策的偏好程度对不同保护政策的实施有重要作用。采用式（9-11），基于表 9-4 中不同政策属性对农户参与保护与发展政策方案回归方程的估计系数，分别计算出农户对保护与发展政策的偏好程度，结果如表 9-5 所示。

表 9-5 农户对不同保护与发展政策属性的偏好程度

属性	估计系数	偏好程度
国家公园	0.314	−3.825
生态旅游	1.540	−18.780
年份	0.020	−0.239
金额	0.082	—
工作	1.218	−14.836

结果表明，农户对不同保护与发展政策的偏好程度存在较大差异。农户对生态旅游开发政策的偏好程度最高。农户愿意减少 18.8 元/（亩·a）的预期生态公益林补偿金额获取政府对现有生态旅游的发展现状的改善，该数字超过了当前国家级生态公益林的补偿金额。一方面表明当前国家级生态公益林补偿金额较低，另一方面也反映出社区对生态旅游开发的需求较高，愿意为生态旅游的发展支付金钱。农户对生态岗位提供的偏好程度排第二位，农户愿意减少 14.8 元/（亩·a）的预期生态公益林补偿金额获取生态岗位。这与当前的国家级生态公益林补偿标准基本一致。社区对国家公园建设的偏好程度排第三位，农户对国家公园建设整体呈现正向积极的态度，愿意为国家公园建设减少 3.8 元/（亩·a）的生态公益林补偿，体现出农户对国家公园建设提升社区生计水平的期待。社区对生态公益林补偿年限的偏好程度整体较低，社区偏好补偿年限较高的生态公益林补偿方案，补偿年限每增加 1 a，农户愿意减少 0.24 元/（亩·a）的生态公益林补偿金额。

第五节 本章小结

本章基于农户异质性假设，通过选取保护与发展政策组合设计选择实验方案，采用混合 Logit 模型测度当前大熊猫国家公园秦岭片区农户对不同保护与发展政策的选择偏好，进而为未来国家公园保护与发展政策的实施提供决策参考。主要研究结论如下。

第一，国家公园建设、生态旅游开发、生态公益林补偿年限、生态岗位以及生态公益林补偿金额这 5 项保护与发展政策都能显著提高农户参与生态保护方案的意愿。

第二，农户对不同保护与发展政策组合的偏好程度存在差异，对生态旅游开发的偏好程度最高，其次是生态岗位提供，再次是国家公园建设，最后是生态公益林补偿金额及补偿年限。

第三，不同社会经济特征农户对保护与发展政策偏好程度存在显著性差异。年龄大的农户更加偏好于选择生态补偿金额高以及提供生态岗位的政策组合，受教育程度高的农户更加偏好参与国家公园建设以及发展生态旅游，村干部更倾向于选择加大生态旅游开发、加大生态补偿额度以及提供生态岗位，居住在保护区内的社区对改变当前保护与发展政策现状的意愿较为强烈，对国家公园建设、生态旅游、公益林补偿金额以及生态岗位提供均有显著的正向偏好，家庭林地面积大的农户更加偏好于生态旅游开发、较短的补偿年限以及较高的补偿金额，收入高的农户家庭更加偏好生态旅游开发。

本章研究结论对未来国家公园保护与发展政策的制定和完善具有重要的政策启示：①当前的保护与发展政策存在“一刀切”的现象，并未考虑到不同保护政策之间的关联和共同作用。保护政策和发展政策应该相辅相成、共同作用才能实现协调。②虽然社区对生态旅游开发的偏好程度最高，体现出农户对生态旅游开发获益的预期很高，但在现实中，生态旅游往往很难达到农户的获益预期。在生态旅游开发的保护地区，应该更多地考虑如何使社区参与获益，当生态旅游开发不能实现社区可持续生计能力提升，只是让少部分人获益时，贫富差距便会加大，农户心理产生获益预期与现实之间的巨大反差，导致冲突加剧。另外生态旅游的开发不可避免地会对物种及其栖息地保护产生负面影响，因而生态旅游的开发获益需要返还部分收益用于保护和社区发展，具体可通过提供护林员岗位等形式实现。在未开发生态旅游的地区，需要加大政府的财政转移支付力度，用于改善社区的基础设施、提高生态补偿力度等。③社区从不同保护与发展政策中获益的程度不同，只有少部分人获得了生态旅游和生态岗位的收益，社区对这两项政策的偏好最为强烈，农户们迫切希望能够参与其中。生态公益林补偿覆盖面大，能够让绝大部分农户参与获益，但是社区的获益仍然不足，收益来源不稳定，不能成为社区的可持续收入来源。为此，政府应该拓宽保护与发展政策实施过程中的资金来源渠道，增加举措吸纳农村劳动力参与。

第十章　主要结论、建议与政策展望

第一节　研究结论

生物多样性保护政策在新的时期被赋予了更加重要的任务，其不仅需要完成生态目标，生计目标同样至关重要。随着社会经济的发展以及人类对美好生活的向往，生物多样性保护政策的重要性更加突出。我国政府为保护生物多样性，实施了一系列保护政策，颁布了《中华人民共和国野生动物保护法》《中华人民共和国森林法》《中华人民共和国自然保护区条例》等，同时实施了多项生态保护工程，如退耕还林工程、天然林保护工程等，建立了自然保护区、风景名胜区以及森林公园等，未来还将继续不断推进新一轮退耕还林工程以及构建以国家公园为主体的自然保护地体系。生物多样性保护政策与时俱进地构建了中国特色的生物多样性保护体系。然而我国在生物多样性丰富地区分布大量贫穷的社区，社会经济发展与资源保护冲突大，人与自然构成了复杂的、相互作用强烈的耦合系统。本研究以陕西和四川 12 个保护区以及周边社区组成的人与自然耦合系统作为研究对象，以农户生态福利实现作为研究点，评估生物多样性政策的保护成效且从政策溢出、反馈、交互作用、农户偏好等视角对生物多样性保护政策的优化提出改进方向和政策建议，具体的结论如下。

第一，在对现有国内外文献综述的基础上发现，当前对保护政策效果的研究在研究内容上大多聚焦政策产生的生计效果，忽视了生态效果以及生态和生计效果的协调。此外，已有研究注重对政策效果的评价，构建了政策评价体系并分析影响机理，进而发现政策的改进方向，缺乏从人与自然耦合系统的溢出效应、反馈效应以及不同政策的交互作用效应 3 个方面分析政策的优化方向。在研究视角上，通常关注保护产生的直接生态或生计结果，忽视了结果产生的影响机制。因而决定了现有研究大多利用回归、匹配等方法分析政策参与、意愿效果的影响因素或因果关系。

第二，在分析自然保护区建立对农户生态福利实现的影响机理中发现：①通过将自然保护区周边社区两分类（区内和区外）拓展为三分类（区内、周边和区外），发现生态福利是农户收入来源的重要组成部分，尤其对于保护区内和周边社区来说，其贡献率超过 50%。生态福利的组成部分中，供给功能福利占比最多，其次是文化功能福利，调节功能福利占比最少。②三区生态福利实现程度存在显著性差异，表现在供给功能福利实现程度上，保护区外社区显著高于周边以及区内社区，而在调节功能福利方面，保护区内社区显著高于周边和区外社区。文化功能福利方面，保护区周边社区显著高于区内及区外社区。③采用匹配法对自然保护区建立的生态福利政策效果进行评估，发现建立自然保护区并未显著增加保护区内农户生态福利，但是显著增加了保护区周边生态福利。主要原因在于建立自然保护区虽然显著增加了区内社区农户的调节功能福利以及文化功能福利，但是也显著减少了农户供给功能福利的实现，因而对区内社区农户总的生态福利实现效应并不显著。而建立自然保护区同时显著提升了周边社区调节功能福利实现以及文化功能福利实现，且并未显著减少农户供给功能福利实现，因而对总的生态福利实现产生正向显著影响。因而自然保护区建立并未产生显著的生态福利实现效果，但产生了显著的正向溢出效应。

第三，在分析自然保护区建立的生态和生计效果影响研究中发现，自然保护区的建立取得了显著的正向生态保护效果，其显著减少了保护区内及周边社区的放牧数量，并显著增加了区内及周边社区林地巡护以及救助野生动植物参与频次，对区内社区参与保护区管理活动也有显著的提升作用，但值得注意的是区内社区的薪柴消耗量显著提升。自然保护区建立对社区生计提升也有正向作用，尤其是对保护区周边社区。保护区建立对保护区内社区的人均纯收入、减贫以及福祉的提升具有正向作用，但并不显著。同时自然保护区的建立对周边社区的生计起到了显著的正向提升作用，即显著提升了人均纯收入以及福祉，并具有显著的减贫效应，说明自然保护区的建立对周边社区生计和生态产生了正向的溢出效应。

第四，在分析生态福利对保护政策效果的影响机理的研究中发现，不同生态福利对生态和生计效果的影响程度不同，供给功能福利、调节功能福利以及文化功能福利实现对农户保护态度有正向显著影响，调节功能福利以及文化功能福利对减贫有正向显著影响。此外，贫困对农户保护态度有负向显著影响，证实了生态福利是自然保护区建立生态和生计效果影响的中介效应，是影响生计和生态效果的重要机制。

第五，在现有保护政策参与行为对未来保护政策参与意愿影响机制的研究中发现，现有的生态保护政策都产生了积极的正向反馈效应，政策演变存在较好的兼容性。农户生态福利是政策演变的重要中介影响机制。农户生态福利实现对参与国家公园意愿有显著影响，表现在供给功能福利实现对参与意愿有负向显著影响，文化功能福利实现对参与意愿有正向显著影响。此外，调节功能福利实现对农户参与新一轮退耕还林工程意愿有正向显著影响。

第六，在对生态旅游和生态移民两项保护与发展政策的生态和生计效果影响的研究中发现，生态旅游产生了显著的正向生计效果，显著提高了农户的收入并减轻了贫困，然而生态旅游也产生了负向显著的生态效果，显著增加了薪柴消耗和野生植物采集。生态移民政策产生的生计效果并不显著，但其产生了显著的正向生态效应。生态旅游和生态移民两项政策的同时开展产生了协同的政策效果，实现了生态保护和生计提升的“双赢”。

第七，在研究社区参与保护与发展政策组合的偏好时发现：①国家公园建设、生态旅游开发、生态公益林补偿年限、生态岗位以及生态公益林补偿金额 5 项保护与发展政策都能够显著提高农户参与生态保护方案的意愿。②农户对不同保护与发展政策组合的偏好程度存在差异，对生态旅游开发的偏好程度最高，其次是生态岗位提供，之后是国家公园建设，最后分别是生态公益林补偿金额以及补偿年限。③不同社会经济特征农户对保护与发展政策的偏好程度存在显著性差异。

第二节 政策建议

（1）在保护政策制定过程中注重社区生态福利实现，完善社区参与机制

本研究结果表明，生态保护政策会对社区生态福利实现产生显著影响，主要的保护政策如自然保护区建设、退耕还林、天然林保护政策增加了社区的调节功能福利，但对供给功能福利产生负向影响。社区生态福利获取是保护政策实现生

态和生计“双赢”的重要路径，同时社区参与是实现生态福利的必要条件。社区参与在生物多样性保护中的重要作用得到相关部门的认可，在《建立国家公园体制总体方案》《大熊猫国家公园总体规划（征求意见稿）》等政策文件中被明确提出，并且社区参与保护实现生态扶贫也在《中共中央　国务院关于打赢脱贫攻坚战三年行动的指导意见》中被提出。然而现有大多数自然保护区开展的社区共管仍然处于起步阶段，大多依托国际项目等形式展开，效果并不理想。保护区并没有专门用于社区工作的稳定资金和人员力量。因而在管理机制方面，保护区层面需要设置专门的社区共管部门，主要工作在于协调社区保护与发展，构建社区参与机制，包括生态岗位的提供、生态补偿的发放、野生动物肇事纠纷的解决等。在地方层面或国家层面，需要有固定的社区共管资金。同时社区参与机制的建立应该将保护政策和发展政策有效衔接，可通过生态旅游、特色种养殖等形式将农民经济活动与生物多样性保护有效关联，使农户从保护中真正得到实惠，能够和生物多样性保护互惠互利。

（2）建立成本与收益相匹配的多元化社区生态补偿机制，隐性保护成本不可忽视

本研究结果表明调节功能福利实现对减贫和农户保护态度、参与未来保护与发展政策都有积极影响。生态补偿机制设计对农户生态福利实现和保护参与有正向显著影响。然而现有的生态补偿机制还缺乏科学合理的测度标准。保护区保护成本分析既是客观评价保护成效的基础，也是保护区建立及建设要考虑的重要因素。在以往保护区建设及相关研究中总是忽视成本因素，保护成本不清也是以往补偿制度设计对象不清、标准不明、途径单一的重要原因，据此应该设计成本和收益相匹配的多元化生态补偿机制，具体如图 10-1 所示。

生态补偿额度的确定不仅要考虑社区的机会成本，更不可忽视在保护过程中的隐性成本。加大大熊猫自然保护区生态补偿力度，扩大补偿范围，增加补偿金额十分重要。随着全球对生态系统保护的日益重视，周边社区承担的保护成本也得到日益关注，但是目前对保护成本的计算大多数是基于农户生计机会成本的，如退耕还林的补偿标准基于农户退耕地的机会成本，按照退耕还林工程中央政府制定的补偿方案，如果把单位面积粮食按照价格折成现金，国家制定的单位退耕面积对农户的补贴标准为黄河流域每亩补贴 160 元，长江流域每亩补贴 230 元

（陶然等，2004）。虽然大熊猫自然保护区内社区得到了更多的生态补偿金额，但同时牺牲了很多自然资源利用的机会，目前的生态补偿金额大多数是基于社区丧失的自然资源利用机会成本进行计算的，该计算方法显然低估了真实的成本，因为没有考虑社区在保护中的隐性成本，如在大熊猫自然保护区内及周边内实施退耕还林和天然林保护工程会加大野生动物的肇事强度，导致社区承担更多的肇事成本。野生动物肇事在保护区内和周边是普遍存在的，其不仅造成显性的经济成本（机会成本），同时还存在巨大的隐性成本，如为了预防野生动物肇事，需要建筑围栏、增加巡逻等，野生动物肇事后需要进行补偿，就会产生交通等隐性成本。同时野生动物肇事尤其是伤人，会给社区农户留下严重的心理伤害。在大多数的情况下，野生动物肇事的隐性成本显著高于显性成本，且容易被政策制定者忽视，社区农户往往最多只能得到显性成本，导致在生物多样性保护过程中收益明显低于成本。

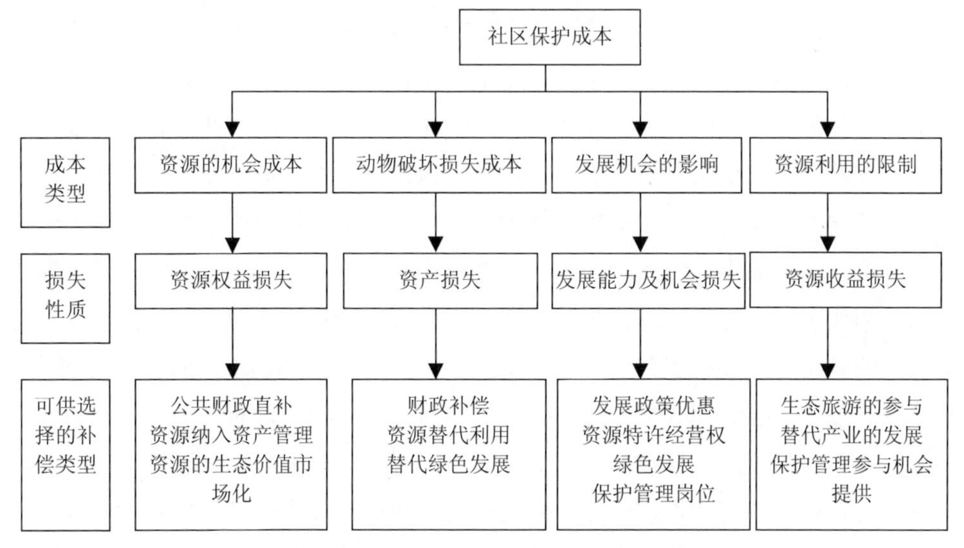

图 10-1　保护区社区保护成本及可能的补偿途径

（3）降低大熊猫自然保护区内及周边社区参与新一轮退耕还林准入门槛，加大生态补偿力度

本研究结果表明，第一轮退耕还林、建立自然保护区以及天然林保护工程等保护政策通过增加农户的调节功能福利实现，以及增加农户保护隐性成本（野生动物肇事损失）等路径提高了农户参与新一轮退耕还林意愿，因而需要进一步加

大退耕还林工程的实施力度，尤其是在野生动物肇事严重的区域降低准入门槛。为了降低野生动物肇事损失，需要采用综合的多样化管理措施。目前大多数学者认为应该对野生动物肇事造成的成本损失进行生态补偿。然而野生动物生态补偿存在管理低效，如损失成本鉴定机会成本高、没有足够的财政资金以及管理人员等问题导致生态补偿很难实现，因而需要综合考虑多样化的土地管理，采取一定预防措施，如种植野生动物破坏程度轻的农作物、修建栅栏等。野生动物肇事损失应该由国家承担，但如果通过野生动物肇事构建生态补偿机制，可能会由于核算成本过高，造成公共资源浪费、社区和政府矛盾增多等问题的出现。为此，可以将野生动物肇事严重的地区耕地纳入新一轮退耕还林的范围，允许农户自愿进行退耕还林，种植经济林、用材林等并提供相应生态补偿和技术指导。

同时本研究结果表明，保护区内及周边农户对新一轮退耕还林工程具有强烈的参与意愿，但 2014 年启动的新一轮退耕还林工程周边社区参与率很低，主要是因为大多数社区农户已经参与了第一轮退耕还林工程，留下来的农地大多数不符合退耕还林的标准。农户虽然在第一轮退耕还林中获得了生态补偿和林业收入，但根据 Yang 等（2018c）研究表明，在卧龙保护区周边，第一轮退耕还林给农户带来了负向的溢出效应，即退耕还林工程增加了野生动物的栖息地，缩短了野生动物和家庭农地的缓冲距离，导致野生动物肇事严重。因此，政府应该考虑保护区内及周边区域生态的脆弱性和重要性，农业生产经营活动对野生动物及其栖息地保护的威胁，如部分保护区内及周边社区为了应对野生动物肇事，设置了围栏、铁丝网等设备，导致部分野生动物死亡；当前缺乏合理完善的野生动物肇事补偿制度以及劳动力外流，导致部分农地抛荒。政府应该对大熊猫自然保护区内及周边野生动物肇事冲突严重、生态区位重要的区域社区放宽退耕还林的耕地准入门槛，并适当提高生态补偿力度，鼓励大户流转野生动物肇事严重的耕地、通过种植经济林等形式减少损失，实现退耕还林地流转获取收益的规模效益，完成生态扶贫。通过在大熊猫自然保护区内及周边开展退耕还林减缓野生动物和社区的冲突、降低冲突损失，实现保护与发展的协调。

（4）合理规划大熊猫自然保护区生态旅游的发展，其产生的生态效应不容忽视

本研究结果表明自然保护区周边开展生态旅游对减贫以及提高福祉和收入水

平有正向显著影响，但同时会产生一定的负向生态影响，表现为增加了对自然资源的消耗。目前在保护与发展项目设计中，保护区周边生态旅游被认为是实现社会和生态可持续的重要工具。生态旅游的开展会增加农户参与退耕还林的意愿，并带来很多就业机会，但目前的生态旅游缺少健全的发展规划和管理计划，社区参与不足。生态旅游需要一系列的管理干预解决目前存在的问题，包括为农户提供培训、发展相关技能等。生态旅游对资源利用的增加是关联的。生态旅游经营会增加对食物资源的需求，如牛羊肉、山野菜以及中草药，生态旅游并未成为减缓社区对自然资源依赖的重要手段，对减缓自然资源依赖的替代生计效应并不显著。大熊猫国家公园建立后，社区资源利用限制加大，传统的资源利用（如采石、放牧、挖矿、山野菜采集等）被严格限制，生态旅游的开展被认为是缓解保护与发展矛盾的重要举措，然而我们应该认识到生态旅游并不是“万能灵药”。虽然社区参与程度很高，但是生态旅游的需求不足，因而并不能显著地提升农户的收入水平，尤其是低海拔地区。高海拔地区虽然参与农户的增收效应显著，但是部分以牺牲栖息地保护质量为代价，并未达到“双赢”的效果。值得欣喜的是，生态旅游的开展对参与农户福祉的提升是显著的，这是由于生态旅游改善了农户生活水平，如旅游带动基础设施建设改善了农户的交通条件，同时增加了地方就业机会等。无论是在低海拔地区还是在高海拔地区，生态旅游的开展都显著提升了农户的生物多样性保护态度。

虽然生态旅游收入已经成为当地的主要收入来源且农户的收入大多数很高，生态旅游当期的发展形势总体上呈现稳定并不断上升的状态，但由于农户缺乏其他的生计手段，农户之间在经营水平、经营技术方面存在显著性差异，这将进一步加大贫富差距，引发社区之间的矛盾。社区对生态旅游的需求是迫切的，而生态旅游开展可能带来收入不平等现象。生态旅游虽然可以扶持社区发展，但是也存在增加社区对自然资源的采集和利用的风险，这种影响在当前逐渐显著，尤其是山野菜采集、中草药采集、放牧等活动日趋增加，生态旅游的开展在一定程度上刺激了社区自然资源的利用。如何实现生态旅游的生态和生计效果“双赢”是大熊猫国家公园建设需要破解的难题。一方面地方政府需要加大对栖息地周边社区参与生态旅游的扶持力度和管理力度，以农户家庭为单位经营的生态旅游难以规范管理，会产生恶性竞争以及对自然资源破坏的示范效应，政府需要在扶持社区参与的过程中规范生态旅游经营，以旅游合作社、股份合作公司等形式吸纳社区参与旅游。另一方面规范社区生态旅游经营行为，包括禁止对栖息地自然资源的利用，减少对一次性产品的使用，建立有效的激励机制等。

（5）加快实施大熊猫栖息地生态脆弱区社区生态移民，注重多重政策组合和社区偏好

建立国家公园后，以往的自然保护区实验区或周边社区可能被纳入国家公园建设的核心区。这部分社区在未来国家公园建设中会受到保护政策的严格限制，有可能缺乏基本的发展条件，如基础设施建设、参与生态旅游等，也可能会承担更多的隐性成本，随着生物多样性保护效果不断变好，野生动物数量增多，这对农林业生产的破坏也会日益严重。因此，这部分社区需要通过生态移民的形式搬到国家公园周边或外围。因为生态移民社区通常以农林业生产为主，而移民后原有的农林土地不会随迁；同时社区农户通常缺乏非农就业能力，加之生态移民往往需要农户承担一定的经济成本（通常生态移民建造新房屋等大部分成本由政府承担，而社区需要承担小部分成本），所以生态移民后社区通常面临可持续生计问题。如果没有生计发展类配套项目，生态移民政策可能会造成事倍功半的效果。

本研究表明，“生态移民+生态旅游”的政策组合可以产生协同的生态和生计效果，这种政策组合模式可以实现生态移民的正向生态效应，具有生态旅游的正向生计效应。但值得注意的是，虽然该政策组合被证明可以实现生态和生计“双赢”，但这种模式并不是一劳永逸的。社区参与生态旅游经营能力有限，内生变量如经营技术、资金、劳动力等，外生变量如游客数量、地理位置、政策变化等，都会制约社区从生态旅游中获益。协调保护与发展的政策并不能一蹴而就，保护与发展的协调状态也不是一时的。在保护与发展政策目标设计时，收入、生计资本、贫困指标必不可少，提升社区可持续发展的韧性至关重要，这需要不断提升社区应对外在冲击的能力，可以通过多重保护与发展政策组合的演进以及多样化生计来源的手段不断提升社区韧性。

（6）统筹规划自然保护区内社区、周边社区保护与发展政策参与，政策设计考虑社区异质性

从总体来看，相关保护与发展规划需要减少限制性政策的负面影响，充分利用生态环境优势实施发展政策。同时要认识到社区在生物多样性保护政策参与过

程中，参与意愿、收益以及对政策的响应是存在异质性的。不同社区经济特征农户对保护与发展政策偏好存在差异。此外，生物多样性保护政策对保护区内及周边社区生态福利实现、生计和生态效果影响存在差异。因而生物多样性保护政策的实施不能“一刀切”，聚焦社区存在的两个差异：一是区位差异，区内社区生态福利实现不充分，同时承担了大部分保护成本，因而在生态旅游开发和生态补偿实施过程中需要优先考虑区内社区；二是个体特征差异，政策设计过程中需要考虑农户在社会资本、资源禀赋上存在的差异，充分考虑贫困社区的保护与发展项目参与能力，避免造成“精英捕获”现象。

（7）政府加大大熊猫自然保护区周边城镇的教育投入力度，提供区内及周边社区便捷的教育准入门槛

教育是当前以及未来保护与发展协调可持续实现的重要机制之一。从短期来看，国家公园内及周边社区需要通过保护区管理人员的宣传教育增强保护意识，减少资源依赖。长期来看，教育也是推进国家公园内社区劳动力外移和生态移民的重要驱动力。社区居民城镇化和移民是减缓保护与发展矛盾冲突的最直接有效的机制。城镇化使得农村剩余劳动力减少。随着随迁子女的不断增加，随迁子女数量已经和留守儿童数量持平，未来可能会进一步增加。从长期来看，农户下一代需要通过教育走出社区，走出传统以自然资源依赖为主的生计方式，同时通过教育来提高下一代的保护意识和行为。

（8）多举措协调大熊猫保护与区域社会经济发展矛盾

随着社会经济的发展，保护与发展的矛盾冲突正在不断发生转移。社区逐渐从保护的主要威胁者转变成为保护的参与者。通过一系列保护与发展政策，社区对自然资源的依赖程度不断减轻，保护态度和行为能力不断提升，社区层面的保护政策效果也不断转好，但保护与发展的矛盾冲突转移到了区域经济发展和生态保护之间，具体体现在旅游开发、交通设施建设、采石开矿等活动和保护之间的矛盾。在大熊猫国家公园建立后，这种矛盾冲突尤为明显。自然保护区保护面积小且分散，对区外自然资源利用限制有限，国家公园涉及范围广、覆盖人口多，保护与发展的矛盾进一步扩大。

因此，如何有效协调国家公园建设与区域发展之间的矛盾至关重要。一方面，需要改变政府官员考核方式，引入生态系统生产总值（GEP）、自然资源资产负债

表等指标体系。另一方面，国家公园是一个复杂的生态经济复合系统，应当将其纳入所在区域社会经济发展规划，使国家公园发展得到社区和当地政府的重视和支持。同时从区域发展的角度建立资源利用、社会经济发展、生物多样性保护多重目标实现的和谐机制。

第三节 研究展望

本研究虽然从生态和生计视角全面评估了生物多样性保护政策的效果以及政策优化改进方向，构建了政策评价和优化相关研究的框架。从生态和生计两个方面评价保护政策，以生态福利为出发点分析政策影响机制，并从溢出效应、反馈、交互效应以及政策偏好等角度优化保护政策，为未来相关研究提供参考。然而研究还存在以下不足：在效果评估时忽视了保护产生的外部性效果。生物多样性保护具有显著的外部性特征，例如，大熊猫保护政策有效保护了大熊猫种群和栖息地，大熊猫种群数量、栖息地生态环境质量快速恢复，大熊猫受到国内外公众的喜爱，大熊猫保护使公众可以继续更好地免费感受到大熊猫的魅力。此外，本研究仅以典型大熊猫自然保护区周边社区 2017 年的调查数据为例，受限于横截面数据，只能采用截面数据的分析方法，无法得到非常稳健的回归结果。同时，保护政策的生态或生计效果通常存在滞后效应，例如参与生态旅游、生态移民以及生态补偿工程的生态和生计效果通常需要一段时间才开始显现。在农户生态福利实现对政策效果的影响机理中同样存在滞后效应以及反馈机制，而这种影响无法通过截面数据进行捕获。

未来研究可进一步检验生物多样性保护政策的生态和生计效果，但不局限于从社区视角，尤其是生态效果，可尝试利用地理信息系统、遥感影像、在不同区域建造样方等手段，从森林覆盖率变化、物种数量变化、栖息地质量、碳汇等角度建立大尺度、跨年度生态效果评价指标体系。在生计评价方面，更加关注社区的可持续生计能力，如生计韧性，在应对外部冲击（如自然灾害、政策突然变化）的能力。在数据资料收集上，可尝试积累连续面板的时空数据，反映政策以及政策效果相互作用的变化趋势。在研究方法上，可采用面板回归、PSM-DID 等面板数据分析方法得出更加稳健的结果。在研究内容上，可更进一步聚焦当前生物多样性保护与社区发展发生的较为严重的冲突，如放牧问题。目前在大熊猫国家公园内，放牧是影响大熊猫物种栖息地的重要不利因素，主要在四川高海拔的少数民族区域，居民的生活方式和大熊猫保护产生了冲突（Li et al.，2017）。如何协调放牧和大熊猫保护的关系也是未来研究的难点和重要研究方向。另外随着大熊猫国家公园的建立，保护与发展的矛盾从微观社区向宏观区域转移，随着城镇化以及非农就业机会变多以及一系列发展政策的实施，社区对保护的威胁不断减少并且通过生态旅游、生态岗位、生态补偿等项目参与逐渐成为保护参与者，而区域发展和保护的矛盾也越来越大，体现在矿山开发、道路、高铁等基础设施建设受到保护的严格限制，因而大熊猫国家公园建设和区域社会经济协调发展研究也成为未来研究的重点内容之一。

参考文献

蔡银莺，梅婷. 2016. 农田保护补偿政策实施效应相关研究进展. 华中科技大学学报（社会科学版），30（5）：40-48.

曹洪民. 2011. 特殊类型贫困地区多维贫困测量与干预. 北京：中国农业出版社.

财政部. 关于扩大新一轮退耕还林还草规模的通知.（2016-02-05）. http：//www. gov. cn/xinwen/2016-02/05/content_5039662. htm.

陈强. 2014. 高级计量经济学及 Stata 应用. 北京：高等教育出版社.

陈祖海，李扬. 2013. 破解“两难”冲突 推动自然保护区良性发展. 环境保护，41（2）：38-40.

代云川，薛亚东，程一凡，等. 2019. 三江源国家公园长江源园区人熊冲突现状与牧民态度认知研究. 生态学报，39（22）：8245-8253.

邓远建，肖锐，严立冬. 2015. 绿色农业产地环境的生态补偿政策绩效评价. 中国人口·资源与环境，25（1）：120-126.

丁琳琳，吴群，李永乐. 2016. 土地征收中农户福利变化及其影响因素——基于江苏省不同地区的农户问卷调查. 经济地理，36（12）：154-161.

丁屹红，姚顺波. 2017. 退耕还林工程对农户福祉影响比较分析——基于 6 个省 951 户农户调查为例. 干旱区资源与环境，31（5）：45-50.

段伟，赵正，刘梦婕，等. 2016. 保护区周边农户自然资源依赖度研究. 农业技术经济，(3)：93-102.

段伟，赵正，马奔，等. 2015. 保护区周边农户对生态保护收益及损失的感知分析. 资源科学，37（12）：2471-2479.

段伟. 2016. 保护区生物多样性保护与农户生计协调发展研究. 北京林业大学.

樊胜岳，陈玉玲，徐均. 2013. 基于公共价值的生态建设政策绩效评价及比较. 公共管理学报，10（2）：110-116，142-143.

冯英杰，钟水映. 2019. 生态移民农地流转及其收入效应研究——兼论生态移民土地政策和要素市场扭曲的联合调节效应. 经济问题探索，(4)：170-181.

高吉喜，徐梦佳，邹长新. 2019. 中国自然保护地70年发展历程与成效. 中国环境管理，11(4)：25-29.

郭建宇，吴国宝. 2012. 基于不同指标及权重选择的多维贫困测量——以山西省贫困县为例. 中国农村经济，(2)：12-20.

郭辉军，施本植. 2013. 自然保护区生态补偿机制研究. 经济问题探索，(8)：135-142.

国务院. 国务院关于完善退耕还林政策的通知. (2017-08-09). http：//www.gov.cn/ zhengce/content/2008-03/28/content_2767.htm.

国家环境保护总局. 2000. 全国自然保护区建设现状与发展趋势. 环境保护，(8)：28.

国家林业和草原局. 我国现有各级各类自然保护地1.18万处. (2019-10-30). http://www. forestry.gov. cn/main/304/20191031/102927220222790. html.

国家林业局野生动植物保护司. 2002. 自然保护区社区共管指南. 北京：中国林业出版社.

乔佳妮，王皎. 陕西移民(脱贫)搬迁百万人开启新生活. 陕西日报，2017-09-09.

侯一蕾，温亚利. 2012. 野生动物肇事对社区农户的影响及补偿问题分析——以秦岭自然保护区群为例. 林业经济问题，32(5)：388-391.

胡英姿. 2011. 生态保护与社区发展共赢. 中央民族大学.

蓝菁，夏伟峰，刘立，等. 2017. 基于选择实验法的生物资源公众保护偏好研究. 资源科学，39(3)：577-584.

雷硕，甘慧敏，郑杰，等. 2020. 农户对国家公园生态旅游的认知、参与及支持行为分析——以秦岭地区为例. 中国农业资源与区划，41(2)：16-25.

黎洁，妥宏武. 2012. 基于可行能力的陕西周至退耕地区农户的福利状况分析. 管理评论，24(5)：66-72，101.

李聪，康博纬，李萍，等. 2017. 易地移民搬迁对农户生态系统服务依赖度的影响——来自陕南的证据. 中国人口·资源与环境，27(11)：115-123.

李健瑜. 2018. 基于生计资本的生态移民工程实施效果评价研究. 西北农林科技大学.

李敏，姚顺波. 2016. 退耕还林工程综合效益评价. 西北农林科技大学学报(社会科学版)，16(3)：118-124.

李南洁，曹国勇，何丙辉，等. 2017. 农户福祉与生态系统服务变化关系研究——以重庆市武陵—秦巴连片特困区为例. 西南大学学报(自然科学版)，39(7)：136-142.

李博炎，朱彦鹏，刘伟玮，等. 2021. 中国国家公园体制试点进展、问题及对策建议. 生物多样性，29（3）：283-289.

李果，罗遵兰，赵志平，等. 2015. 自然保护区生态补偿体系研究. 环境与可持续发展，40（2）：52-56.

刘建国，Vanessa Hull，Mateus Batistella，等. 2016. 远程耦合世界的可持续性框架. 生态学报，36（23）.

刘璞，姚顺波. 2016. 退耕还林农户的福利状态研究——可行能力分析法的应用. 西南民族大学学报（人文社科版），37（6）：114-119.

刘金龙，徐拓远，则得. 2020. 自然保护区“封闭式”保护合理性研究——西双版纳亚洲象肇事事件反思. 林业经济问题，40（1）：1-7.

刘某承，王佳然，刘伟玮，等. 2019. 国家公园生态保护补偿的政策框架及其关键技术. 生态学报，39（4）：1330-1337.

罗万云，韦惠兰，王光耀. 2019. 农民生态移民意愿及其决定因素——来自甘肃省沙漠边缘农户调查的微观证据. 人口与发展，25（2）：97-107.

马奔，丁慧敏，温亚利. 2017. 生物多样性保护对多维贫困的影响研究——基于中国 7 省保护区周边社区数据. 农业技术经济，（4）：116-128.

马奔，温亚利. 2016a. 生态旅游对农户家庭收入影响研究——基于倾向得分匹配法的实证分析. 中国人口·资源与环境，26（10）：152-160.

马奔，申津羽，丁慧敏，等. 2016b. 基于保护感知视角的保护区农户保护态度与行为研究. 资源科学，38（11）：2137-2146.

潘丹. 2016. 基于农户偏好的牲畜粪便污染治理政策选择——以生猪养殖为例. 中国农村观察，（2）：68-83.

任林静，黎洁. 2020. 生态补偿政策的减贫路径研究综述. 农业经济问题，（7）：94-107.

苏红巧，苏杨，林翰哲. 2020. 国家公园与区域发展关系研究——以上海生态之城建设为例. 环境保护，48（15）：49-54.

申小莉，李晟，马克平. 2021. 钱江源—百山祖国家公园试点经验与发展方向. 生物多样性，29（3）：315-318.

石璇，李文军，王燕，等. 2007. 保障保护地内居民受益的自然资源经营方式——以九寨沟股份制为例. 旅游学刊，（3）：12-17.

上官彩霞，冯淑怡，陆华良，等. 2016. 城乡建设用地增减挂钩政策实施对农民福利的影响研究——以江苏省“万顷良田建设”项目为例. 农业经济问题，37（11）：42-51，110-111.

胜东，孔凡斌. 2016. 基于生态移民的农户可持续生计研究进展与展望. 鄱阳湖学刊，(5)：59-71，127.

石长毅. 陕西移民（脱贫）搬迁 百万人开启新生活. （2017-09-11）. http：//www. cpad. gov. cn/art/2017/9/11/art_5_69918. html.

四川省林业厅. 2015. 四川的大熊猫：四川省第四次大熊猫调查报告. 成都：四川科学技术出版社.

唐芳林. 让社区成为国家公园的保护者和受益方. 光明日报，2019-09-21（5）.

宋文飞，李国平，韩先锋. 2015. 自然保护区生态保护与农民发展意向的冲突分析——基于陕西国家级自然保护区周边660户农民的调研数据. 中国人口 •资源与环境，25（10）：139-149.

生态环境部. 中华人民共和国自然保护区条例. （2018-05-16）. http：//zfs. mee. gov. cn/fg/xzhg/201805/t20180516_440442. shtml.

唐鸣，汤勇. 2012. 生态公益林建设对山区农村生计的影响分析——基于浙江省128个村的调查. 中南民族大学学报（人文社会科学版），32（4）：124-129.

陶然，徐志刚，徐晋涛. 2004. 退耕还林，粮食政策与可持续发展. 中国社会科学，(6)：25-38，204.

谭伟福，安辉，谭夏妮. 2016. 为什么自然保护区的生态移民要回迁：以广西十万大山保护区为例. 生物多样性，24（6）：729-732.

天保办. 天然林保护，功德无量——中国天保工程20年建设综述. （2018-05-18）. http：//www. forestry. gov. cn/main/425/20180518/1103006. html.

王昌海，温亚利，李强，等. 2012. 秦岭自然保护区群保护成本计量研究. 中国人口 • 资源与环境，22（3）：130-136.

王昌海. 2018. 改革开放40年中国自然保护区建设与管理：成就、挑战与展望. 中国农村经济，（10）：93-106.

王昌海. 2014. 农户生态保护态度：新发现与政策启示. 管理世界，（11）：70-79.

王昌海. 2017. 中国自然保护区给予周边社区了什么？——基于1998—2014年陕西、四川和甘肃三省农户调查数据. 管理世界，（3）：63-75.

王毅，黄宝荣. 2019. 中国国家公园体制改革：回顾与前瞻. 生物多样性，27（2）：117-122.

王金南，程亮，陈鹏. 2021. 国家“十三五”生态文明建设财政政策实施成效分析. 环境保护，49（5）：40-43.

王小林，Alkire S . 2009. 中国多维贫困测量：估计和政策含义. 中国农村经济，（12）：4-10.

王庶，岳希明. 2017. 退耕还林、非农就业与农民增收——基于21省面板数据的双重差分分析. 经济研究，52（4）：106-119.

王文略，刘旋，余劲. 2018. 风险与机会视角下生态移民决策影响因素与多维减贫效应——基于陕西南部1 032户农户的面板数据. 农业技术经济，（12）：92-102.

温兴祥，杜在超. 2015. 匹配法综述：方法与应用. 统计研究，4：104-112.

温亚利. 2003. 中国生物多样性保护政策的经济分析. 北京林业大学.

温亚利，侯一蕾，马奔. 2019. 中国国家公园建设与社会经济协调发展研究. 北京：中国环境出版集团.

魏伟，申小莉，刘忆南. 2021. 2020年后生物多样性保护需要建立新的资金机制. 生物多样性，29（2）：259-268.

吴健，郭雅楠. 2017. 精准补偿：生态补偿目标选择理论与实践回顾. 财政科学，（6）：78-85.

吴静. 2015. 秦岭生态旅游成本和效益研究. 北京林业大学.

吴乐，孔德帅，靳乐山. 2018. 生态补偿对不同收入农户扶贫效果研究. 农业技术经济，（5）：134-144.

吴林海，王淑娴，Hu W. 2014. 消费者对可追溯食品属性的偏好和支付意愿：猪肉的案例. 中国农村经济，8：58-75.

吴燕峰. 陕南移民：直惠深山群众的“佛坪实践”. 陕西日报，2015-12-17.

徐建英，陈利顶，吕一河，等. 2005. 保护区与社区关系协调：方法和实践经验. 生态学杂志，（1）：102-107.

徐建英，陈利顶，吕一河，等. 2006. 基于参与性调查的退耕还林政策可持续性评价——卧龙自然保护区研究. 生态学报，（11）：3789-3795.

徐建英，桓玉婷，孔明. 2016. 卧龙自然保护区野生动物肇事农地特征及影响机制. 生态学报，36（12）：3748-3757.

徐建英，王清，魏建瑛. 2018. 卧龙自然保护区生态系统服务福祉贡献评估：当地居民的视角. 生态学报，38（20）：7348-7358.

薛达元，蒋明康. 1995. 中国自然保护区对生物多样性保护的贡献. 自然资源学报，（3）：286-292.

余利红. 2019. 基于匹配倍差法的乡村旅游扶贫农户增收效应. 资源科学，41（5）：955-966.

杨喆，吴健. 2019. 中国自然保护区的保护成本及其区域分布. 自然资源学报，34（4）：839-852.

臧振华，张多，王楠，等. 2020. 中国首批国家公园体制试点的经验与成效、问题与建议. 生态学报，40（24）：8839-8850.

张寒，常兴，姚顺波. 2016. 基于双差分法的退耕还林工程对农户生计资本影响评价——以宁夏为例. 林业经济，38（12）：16-20.

张引，杨锐. 2020. 中国自然保护区社区共管现状分析和改革建议. 中国园林，36（8）：31-35.

张昊楠，秦卫华，周大庆，等. 2016. 中国自然保护区生态旅游活动现状. 生态与农村环境学报，32（1）：24-29.

张丽荣，王夏晖，侯一蕾，等. 2015. 我国生物多样性保护与减贫协同发展模式探索. 生物多样性，23（2）：271-277.

张全红，周强. 2015. 中国贫困测度的多维方法和实证应用. 中国软科学，（7）：29-41.

张文彬，华崇言，张跃胜. 2018. 生态补偿、居民心理与生态保护——基于秦巴生态功能区调研数据研究. 管理学刊，31（2）：24-35.

张智光. 2017. 生态文明阈值和绿值二步测度：指标-指数耦合链方法. 中国人口·资源与环境，27（9）：212-224.

郑季良，孙极. 2018. 生态补偿对水源保护区居民生态保护行为的影响研究——以云南省昆明市寻甸县为例. 昆明理工大学学报（社会科学版），18（4）：54-60.

郑杰，张茹馨，雷硕，等. 2018. 气候变化对游客生态旅游行为的影响研究——以秦岭地区为例. 资源开发与市场，34（7）：987-991，1036.

中华人民共和国生态环境部. 2018 中国生态环境状况公报.（2019-05-29）. http://www.mee.gov.cn/hjzl/zghjzkgb/lnzghjzkgb/201905/P020190619587632630618.pdf.

中国林业网，生态福利与美丽中国论坛在贵阳举行.（2016-07-08）.

中华人民共和国国务院令. 退耕还林条例.（2002-12-06）.

中华人民共和国国务院令. 国务院关于修改部分行政法规的决定.（2017-10-07）. http://www.gov.cn/zhengce/content/2017-10/23/content_5233848.htm.

钟甫宁，顾和军，纪月清. 2008. 农民角色分化与农业补贴政策的收入分配效应. 管理世界，5：65-70.

钟水映，冯英杰. 2018. 生态移民工程与生态系统可持续发展的系统动力学研究——以三江源地区生态移民为例. 中国人口·资源与环境，28（11）：10-19.

朱兰兰，蔡银莺. 2017. 农田保护经济补偿政策实施异质效应——基于 DID 模型的动态估计. 自然资源学报，32（5）：727-741.

周灵国. 2017. 秦岭大熊猫：陕西省第四次大熊猫调查报告. 西安：陕西科学技术出版社.

周睿，曾瑜皙，钟林生. 2017. 中国国家公园社区管理研究. 林业经济问题，37（4）：45-50，104.

赵凌云. 2014. 中国特色生态文明建设道路. 北京：中国财政经济出版社.

赵翔，朱子云，吕植，等. 2018. 社区为主体的保护：对三江源国家公园生态管护公益岗位的思考. 生物多样性，26（2）：210-216.

赵侠，杜扶阳，寇勇. 2020. “国家中央公园”大秦岭. 中国绿色时报.

赵敏燕，陈鑫峰. 2016. 中国森林公园的发展与管理. 林业科学，52（1）：118-127.

Abadie A，Imbens G W. 2011.Bias-corrected matching estimators for average treatment effects. Journal of Business & Economic Statistics，29（1）：1-11.

Abadie A，Imbens G W.2002.Simple and bias—corrected matching estimators for average treatment effects，Technical report，Department of Economics，University of California，Berkeley.

Adamowicz W，Boxall P，Williams M，et al.1998.Stated preference approaches for measuring passive use values：choice experiments and contingent valuation. American Journal of Agricultural Economics，80（1）：64-75.

Adams W M，Aveling R.，Brockington D，et al. 2004.Biodiversity conservation and the eradication of poverty. Science，306（5699）：1146-1149.

Adams W M，Hutton J. 2007.People，parks and poverty：political ecology and biodiversity conservation. Conservation and Society，5（2）：147.

Agrawal A.2001.Common property institutions and sustainable governance of resources. World Development，29（10）：1649-1672.

Agrawal A. 2014.Matching and mechanisms in protected area and poverty alleviation research. Proceedings of the National Academy of Sciences of the United States of America，111（11）：3909.

Alkire S，Foster J. 2011.Counting and multidimensional poverty measurement. Journal of Public Economics，95（7-8）：476-487.

Alkire S，Santos M E.2014.Measuring acute poverty in the developing world：robustness and scope of the multidimensional poverty index. World Development，59：251-274.

Allenby G M， Rossi P E.1998.Marketing models of consumer heterogeneity. Journal of Econometrics，89（1-2）：57-78.

Andam K S，Ferraro P J，Pfaff A，et al.2008.Measuring the effectiveness of protected area networks in reducing deforestation. Proceedings of the National Academy of Sciences，105（42）：16089-16094.

Andam K S，Ferraro P J，Sims K R E，et al. 2010.Protected areas reduced poverty in Costa Rica and Thailand. Proceedings of the National Academy of Sciences，107（22）：9996-10001.

Angelsen A，Jagger P，Babigumira R，et al.2014.Environmental income and rural livelihoods：a global-comparative analysis. World Development，64：S12-S28.

Angelsen A，Wunder S.2003.Exploring the forest-poverty link：Key concepts，issues and research implications. CIFOR Occasional Paper No. 40. Bogor，Indonesia：Center for International Forestry Research.

Badola R，Barthwal S，Hussain S A.2012.Attitudes of local communities towards conservation of mangrove forests：A case study from the east coast of India. Estuarine，Coastal and Shelf Science，96：188-196.

Bajracharya S B，Furley P A，Newton A C. 2006.Impacts of community-based conservation on local communities in the Annapurna Conservation Area，Nepal. Biodiversity & Conservation，15（8）：2765-2786.

Balmford A，Bruner A，Cooper P，et al. 2002.Economic reasons for conserving wild nature. Science，297（5583）：950-953.

Bandyopadhyay S，Tembo G. 2010.Household consumption and natural resource management around national parks in Zambia. Journal of Natural Resources Policy Research，2（1）：39-55.

Barbier E B. 2010. Poverty，development，and environment. Environment & Development Economics，15（6）：635-660.

Barkin D. 2003.Alleviating poverty through ecotourism：promises and reality in the monarch butterfly reserve of Mexico. Environment，Development and Sustainability，5（3-4）：371-382.

Beauchamp E，Clements T，Milner-Gulland E J. 2018. Assessing medium-term impacts of conservation interventions on local livelihoods in northern Cambodia. World Development，101：

202-218.

Bennett C J，Mitra S. 2013. Multidimensional poverty：Measurement，estimation，and inference. Econometric Reviews，32（1）：57-83.

Bennett N，Lemelin R H，Koster R，et al. 2012.A capital assets framework for appraising and building capacity for tourism development in aboriginal protected area gateway communities. Tourism Management，33（4）：752-766.

Blackman A. Evaluating forest conservation policies in developing countries using remote sensing data：An introduction and practical guide. Forest Policy & Economics，2013，34（5）：1-16.

Brockington D，Wilkie D. 2015. Protected areas and poverty. Philos Trans R Soc Lond B Biol Sci，370（1681）：20140271.

Brownstone D，Train K. 1998.Forecasting new product penetration with flexible substitution patterns. Journal of econometrics，89（1-2）：109-129.

Canavire-Bacarreza G，Hanauer M M. 2013. Estimating the impacts of Bolivia's protected areas on poverty. World Development，41（1）：265-285.

Carlsson F，Martinsson P. 2003.Design techniques for stated preference methods in health economics. Health Economics，12（4）：281-294.

Cavendish W. 2000.Empirical regularities in the poverty-environment relationship of rural households：evidence from Zimbabwe. World Development，28（11）：1979-2003.

Ceballos Lascuráin，Héctor. 1996. Tourism，ecotourism，and protected Areas：the state of nature-based tourism around the world and guidelines for its development. Geographical Journal，164（3）：349.

Cernea M M，Schmidt-Soltau K. 2006. Poverty risks and national parks：policy issues in conservation and resettlement. World Development，34（10）：1808-1830.

Chen X，Zhang Q，Peterson M N，et al. 2019.Feedback effect of crop raiding in payments for ecosystem services. Ambio，48（7）：732-740.

Christie P，White A，Deguit E. 2002. Starting point or solution？ Community-based marine protected areas in the Philippines. Journal of Environmental Management，66（4）：441-454.

Clements T，Suon S，Wilkie D S，et al. 2014. Impacts of protected areas on local livelihoods in Cambodia. World Development，64：S125-S134.

Coad L，Campbell A，Miles L，et al.2008. The costs and benefits of protected areas for local livelihoods：A review of the current literature. UNEP World Conservation Monitoring Centre Cambridge UK.

Coria J，Calfucura E. 2012.Ecotourism and the development of indigenous communities：The good，the bad，and the ugly. Ecological Economics，73（73）：47-55.

Cox M，Villamayor-Tomas S，Epstein G，et al. 2016.Synthesizing theories of natural resource management and governance. Global Environmental Change，39：45-56.

Das M，Chatterjee B. 2015. Ecotourism：A panacea or a predicament？. Tourism Management Perspectives，14：3-16.

De Pourcq K，Thomas E，Arts B，et al. 2017. Understanding and resolving conflict between local communities and conservation authorities in Colombia. World Development，93：125-135.

De Rus G. 2010.Introduction to cost-benefit analysis：looking for reasonable shortcuts. Edward Elgar，Northampton，Massachusetts，USA.

Dearden P，Bennett M，Johnston J. 2005.Trends in global protected area governance，1992–2002. Environmental Management，36（1）：89-100.

Demir S，Esbah H，AKGÜN A A. 2016. Quantitative SWOT analysis for prioritizing ecotourism-planning decisions in protected areas：Igneada case. International Journal of Sustainable Development & World Ecology，23（5）：456-468.

Démurger S，Fournier M. 2011. Poverty and firewood consumption：A case study of rural households in northern China. China Economic Review，22（4）：0-523.

Dou Y，da Silva R F B，Yang H，et al. 2018. Spillover effect offsets the conservation effort in the Amazon. Journal of Geographical Sciences，28（11）：1715-1732.

Duan W，Lang Z，Wen Y. 2015. The Effects of the sloping land conversion program on poverty alleviation in the Wuling mountainous area of China. Small-scale Forestry，14（3）：331-350.

Duan W，Wen Y. 2017a. Impacts of protected areas on local livelihoods：Evidence of giant panda biosphere reserves in Sichuan Province，China. Land Use Policy，68：168-178.

Duan W，Ma B，Sun B，Wen Y. 2017b. Dependence of the poor on forest resources：Evidence from China. Small-scale Forestry，16（4）：487-504.

Evanko A B，Peterson R A. 1955. Comparisons of protected and grazed mountain rangelands in southwestern Montana. Ecology，36（1）：71-82.

Fedele G，Locatelli B，Djoudi H. 2017.Mechanisms mediating the contribution of ecosystem services to human well-being and resilience. Ecosystem Services，28：43-54.

Ferraro P J，Hanauer M，Miteva D A，et al. 2013. More strictly protected areas are not necessarily more protective：Evidence from Bolivia，Costa Rica，Indonesia，and Thailand. Environmental Research Letter，8（2）：279-288.

Ferraro P J，Hanauer M M. 2015a. Through what mechanisms do protected areas affect environmental and social outcomes. Philosophical Transactions of The Royal Society B Biological Sciences，370（1681）：20140267.

Ferraro P J，Hanauer M M，Miteva D A，et al. 2015b. Estimating the impacts of conservation on ecosystem services and poverty by integrating modeling and evaluation. Proceedings of the National Academy of Sciences，112（24）：7420-7425.

Ferraro P J，Hanauer M M，Sims K R.2011a. Conditions associated with protected area success in conservation and poverty reduction. Proceedings of the National Academy of Sciences，108（34）：13913-13918.

Ferraro P J，Hanauer M M. 2011b. Protecting ecosystems and alleviating poverty with parks and reserves：'win-win' or tradeoffs？. Environmental & Resource Economics，48（2）：269-286.

Ferraro P J，Hanauer M M. 2014. Quantifying causal mechanisms to determine how protected areas affect poverty through changes in ecosystem services and infrastructure. Proceedings of the National Academy of Sciences，111（11）：4332-4337.

Ferraro P J. 2002. The local costs of establishing protected areas in low-income nations：Ranomafana National Park，Madagascar. Ecological Economics，43（2）：261-275.

Franks P，Small R and Booker F.2018. Social Assessment for Protected and Conserved Areas（SAPA）. Methodology manual for SAPA facilitators. Second edition. IIED，London.

Fox J，Bushley B R，Miles W B，et al. 2008. Connecting communities and conservation：Collaborative management of protected areas in Bangladesh. Honolulu：East-West Center.

Geldman J，Barnes M，Coad L，et al. 2013. Effectiveness of terrestrial protected areas in reducing biodiversity and habitat loss. Biological Conservation，161（3）：230-238.

Gough I，Mcgregor J A. 2007. Wellbeing in developing countries：From theory to research[M].

Cambridge：Cambridge University Press.

Guo S，Fraser M W. 2010. Propensity score matching and related models. In propensity score analysis：statistical methods and applications，SAGE，127-210.

Hall J，Viney R，Haas M，et al. 2004. Using stated preference discrete choice modeling to evaluate health care programs. Journal of Business Research，57（9）：1026-1032.

Hamilton A C. 2004. Medicinal plants，conservation and livelihoods. Biodiversity & Conservation，13（8）：1477-1517.

Hardin G. 1968. The tragedy of the commons. Science，162（3859）：1243-1248.

He K，Dai Q，Gu X，et al. 2019. Effects of roads on giant panda distribution：a mountain range scale evaluation. Scientific reports，9（1）：1110.

Heckman J J，Ichimura H，Todd P E. 1997. Matching as an econometric evaluation estimator：Evidence from evaluating a job training programme. The Review of Rconomic Studies，64（4）：605-654.

Higgins-Desbiolles，Freya. 2009. Indigenous ecotourism's role in transforming ecological consciousness . Journal of Ecotourism，8（2）：144-160.

Hogarth N J，Belcher B，Campbell B，et al. 2013.The role of forest-related income in household economies and rural livelihoods in the border-region of southern China. World Development，43：111-123.

Hole A R. 2007. Estimating mixed logit models using maximum simulated likelihood. Stata Journal，7（3）：388-401.

Hull V，Tuanniu M N，Liu J. 2015. Synthesis of human-nature feedbacks. Ecology and Society，20（3）：17.

Job H，Paesler F. 2013. Links between nature-based tourism，protected areas，poverty alleviation and crises—The example of Wasini Island（Kenya）. Journal of Outdoor Recreation and Tourism，1-2：18-28.

Karanth K K，Gopalaswamy A M，Defries R，et al. 2012.Assessing patterns of human-wildlife conflicts and compensation around a Central Indian protected area. PLoS One，7（12）：e50433.

Lan J，Yin R. 2017. Research trends：Policy impact evaluation：Future contributions from economics. Forest Policy & Economics，83：142-145.

Lancaster K J. 1966. A new approach to consumer theory. Journal of Political Economy，74（2）：132-157.

Lee D E，Du Preez M. 2016. Determining visitor preferences for rhinoceros conservation management at private，ecotourism game reserves in the Eastern Cape Province，South Africa：A choice modeling experiment. Ecological Economics，130：106-116.

Li C，Zheng H，Li S，et al. 2015. Impacts of conservation and human development policy across stakeholders and scales. Proceedings of the National Academy of Sciences of the United States of America，112（24）：7396.

Liu C，Li J，Pechacek P. 2013.Current trends of ecotourism in China's nature reserves：A review of the Chinese literature . Tourism Management Perspectives，7：16-24.

Liu J，Dou Y，Batistella M，et al. 2018a.Spillover systems in a telecoupled Anthropocene：Typology，methods，and governance for global sustainability. Current Opinion in Environmental Sustainability，33：58-69.

Liu J，Viña，Andrés，Yang W，et al. 2018b. China's Environment on a Metacoupled Planet. Annual Review of Environment and Resources，43（1）：1-34.

Liu J，Dietz T，Carpenter S R，et al. 2007. Complexity of coupled human and natural systems. Science，317（5844）：1513-1516.

Liu J，Hull V，Luo J，et al. 2015. Multiple telecouplings and their complex interrelationships. Ecology and Society，20（3）：44.

Liu J，Linderman M，Ouyang Z，et al. 2001. Ecological degradation in protected areas：the case of Wolong Nature Reserve for giant pandas. Science，292（5514）：98-101.

Liu J. 2014. Forest Sustainability in China and Implications for a Telecoupled World. Asia & the Pacific Policy Studies，1（1）：230-250.

Liu J. 2017. Integration across a metacoupled world. Ecology and Society，22（4）：29.

Lonn P，Mizoue N，Ota T，et al. 2018. Evaluating the contribution of community-based ecotourism（CBET） to household income and livelihood changes：A case study of the Chambok CBET program in Cambodia . Ecological Economics，151：62-769.

Lybbert T J，Magnan N，Bhargava A K，et al. 2012. Farmers' heterogeneous valuation of laser land leveling in eastern uttar pradesh：An experimental auction to inform segmentation and subsidy strategies. American Journal of Agricultural Economics，95（2）：339-345.

Ma B，Zhao Z，Ding H，et al. 2017. Household costs and benefits of biodiversity conservation：case study of Sichuan giant panda reserves in China. Environment Development and Sustainability，20（4）：1-22.

Ma B，Cai Z，Zheng J，et al. 2019.Conservation，ecotourism，poverty，and income inequality–A case study of nature reserves in Qinling，China. World Development，115：236-244.

Ma B，Lei S，Qing Q，et al. 2018.Should the endangered status of the giant panda really be reduced? The case of giant panda conservation in Sichuan，China. Animals，8（5）：69.

MA. 2005. Ecosystems and human well-being. Washington，DC：Island Press.

Machura，L. 1954. Nature protection and tourism：with particular reference to Austria.Oryx，2（5）：307-311.

Mackenzie C A. 2012. Accruing benefit or loss from a protected area：Location matters. Ecological Economics，76（2）：119-129.

Masterson V A，Stedman R C，Johan E，et al. 2017. The contribution of sense of place to social-ecological systems research：a review and research agenda. Ecology and Society，22（1）：49.

Masud M M，Aldakhil A M，Nassani A A，et al. 2017.Community-based ecotourism management for sustainable development of marine protected areas in Malaysia. Ocean & Coastal Management，136：104-112.

McFadden D L. 1974. Conditional logit analysis of qualitative choice behavior. In Frontiers in Econometrics，Zarembka P（ed.）. Academic Press：New York.

McFadden D，Train K. 2000.Mixed MNL models for discrete response. Journal of applied Econometrics，15（5）：447-470.

McGinnis M D，Ostrom E. 2014. Social-ecological system framework：initial changes and continuing challenges. Ecology and Society，19（2）：30.

McNeely J A. 1994. Protected areas for the 21st century：working to provide benefits to society. Biodiversity & Conservation，3（5）：390-405.

McSweeney K. 2004. Forest product sale as natural insurance：The effects of household characteristics and the nature of shock in eastern honduras. Society & Natural Resources，17

（1）：39-56.

Mehta J N，Heinen J T. 2001. Does community-based conservation shape favorable attitudes among locals？ an empirical study from Nepal. Environmental Management，28（2）：165.

Miranda J J，Corral L，Blackman A，et al. 2016. Effects of protected areas on forest cover change and local communities：Evidence from the Peruvian Amazon. World Development，78：288-307.

Mitchell J，Ashley C.2009. Tourism and poverty reduction：Pathways to prosperity. Routledge.

Miteva D A，Pattanayak S K，Ferraro P J. 2012. Evaluation of biodiversity policy instruments：what works and what doesn't？ . Oxford Review of Economic Policy，28（1）：69-92.

Morrison M，Bennett J，Blamey R，et al. 2002. Choice modeling and tests of benefit transfer. American journal of agricultural economics，84（1）：161-170.

Mossaza A C，Buckley R，Castley J G. 2015. Ecotourism Contributions to conservation of African big cats. Journal for Nature Conservation，28，112–118.

Nachtsheim C C J. 1980. A comparison of algorithms for constructing exact d-optimal designs. Technometrics，22（3）：315-324.

Naughtontreves L. 1998. Predicting patterns of crop damage by wildlife around Kibale National Park，Uganda. Conservation Biology，12（1）：156-168.

Nepal S，Spiteri A. 2011.Linking livelihoods and conservation：an examination of local residents' perceived linkages between conservation and livelihood benefits around Nepal's Chitwan National Park. Environmental Management，47（5）：727-738.

Ostrom E. 2007. A diagnostic approach for going beyond panaceas. Proceedings of the National Academy of Sciences of the United States of America，104（39）：15181-15187.

Ostrom E.2005. Understanding institutional diversity. Princeton University Press，Princeton，New Jersey，USA.

Ostrom E. 2009. A general framework for analyzing sustainability of social-ecological systems. Science，325（5939）：419-422.

Ostrom E. 1990. Governing the commons：The evolution of institutions for collective action. Cambridge University Press.

Pattanayak S K，Sills E O. 2001. Do tropical forests provide natural insurance？ The microeconomics of non-timber forest product collection in the Brazilian Amazon. Land

Economics，77（4）：595-612.

Paumgarten F. 2005. The Role of non-timber forest products as safety-nets：A review of evidence with a focus on South Africa. GeoJournal，64（3）：189-197.

Pienaar E F，Jarvis L S，Larson D M.2014.Using a choice experiment framework to value conservation-contingent development programs：An application to Botswana. Ecological Economics，98：39-48.

Pimbert M P，Pretty J N，Ghimire K B，et al. 1997. Parks，people and professionals：putting 'participation' into protected area management. Social Change and Conservation，16，297-330.

Pour M D，Motiee N，Barati A A，et al. 2017. Impacts of the Hara biosphere reserve on livelihood and welfare in Persian Gulf. Ecological Economics，141：76-86.

Poverty Environment Network. PEN technical guidelines，version. Poverty environment network. 2017，Available online：http：//www.cifor.cgiar.org/pen/_ref/tools/index.htm.

Pourcq D K，Thomas E，Arts B，et al. 2017. Understanding and resolving conflict between local communities and conservation authorities in Colombia. World Development，93：125-135.

Reinius S W，Fredman P. 2007. Protected areas as attractions. Annals of Tourism Research，34（4）：839-854.

Robalino J，Villalobos L. 2015. Protected areas and economic welfare an impact evaluation of national parks on local workers' wages in Costa Rica. Environment and Development Economics，20（3）：283-310.

Robalino J A. 2007. Land conservation policies and income distribution：who bears the burden of our environmental efforts？. Environment and Development Economics，12（4）：521-533.

Robinson E J Z，Lokina R B. 2011. A spatial–temporal analysis of the impact of access restrictions on forest landscapes and household welfare in Tanzania. Forest Policy and Economics，13（1）：0-85.

Robinson E J Z，Albers H J，Williams J C. 2008. Spatial and temporal aspects of non-timber forest product extraction：the role of community resource management. Journal of Environmental Economics and Management，56（3）：234-245.

Roe D，Mohammed E Y，Porras I，et al. 2013. Linking biodiversity conservation and poverty reduction：de-polarizing the conservation-poverty debate. Conservation Letters，6（3）：162-171.

Rosenbaum P R，Rubin D B. 1983. The central role of the propensity scores in observational studies for causal effects. Biometrika，70（1）：41-55.

Sanderson S E，Redford K H. 2003. Contested relationships between biodiversity conservation and poverty alleviation. Oryx，37（4）：389-390.

Schley L，Marc Dufrêne，Krier A，et al. 2008. Patterns of crop damage by wild boar（Sus scrofa）in Luxembourg over a 10-year period. European Journal of Wildlife Research，54（4）：589-599.

Schouten M A H，Heide C M V D，Heijman W J M，et al. 2012. A resilience-based policy evaluation framework：Application to European rural development policies. Ecological Economics，81（3）：165-175.

Scoones I.1998 Sustainable rural livelihoods：A framework for analysis，IDS working paper，Brighton：Institute for Development Studies.

Sen A K.1999. Development as freedom. Oxford：Oxford University Press.

Sherbinin A D. 2008. Is poverty more acute near parks？ An assessment of infant mortality rates around protected areas in developing countries. Oryx，42（1）：26-35.

Sims K R E. 2010. Conservation and development：Evidence from Thai protected areas. Journal of Environmental Economics & Management，60（2）：94-114.

Sirivongs K，Tsuchiya T. 2012. Relationship between local residents' perceptions，attitudes and participation towards national protected areas：A case study of Phou Khao Khouay National Protected Area，central Lao PDR . Forest Policy & Economics，21（1）：92-100.

Song Z，Zhou Z，Gao L. 2021. Development of Giant Panda Nature Reserves in China：Achievements and problems. Journal of Forest Economics，36：1-25.

Staiff R，Bushell R. 2004. Tourism and protected areas：Benefits beyond boundaries. Annals of Tourism Research，31（3）：0-726.

Stankey G H，Shindler B. 2006. Formation of social acceptability judgments and their implications for management of rare and little-known species. Conservation Biology，125（3257）：1089-1090.

Stem C J，Lassoie J P，Lee D R，et al. 2003. Community participation in ecotourism benefits：The link to conservation practices and perspectives. Society and Natural Resources，16（5）：387-413.

Tallis H，Kareiva P，Marvier M，et al. 2008. An ecosystem services framework to support both practical conservation and economic development. Proceedings of the National Academy of Sciences，105（28）：9457-9464.

TEEB.2010. Ecological and economic foundation. The economics of ecosystems and biodiversity. UK：Earthscan Books.

Tuanmu M N，Andrés Viña，Winkler J A，et al. 2013. Climate change impacts on understory bamboo species and giant pandas in China's Qinling Mountains. Nature Climate Change，3（3）：249-253.

UNEP-WCMC，IUCN，NGS.2018. Protected planet report 2018. UNEP-WCMC，IUCN and NGS：Cambridge UK；Gland，Switzerland；Washington，D.C.，USA.

Vedeld P，Jumane A，Wapalila G，et al. 2012. Protected areas，poverty and conflicts：A livelihood case study of Mikumi National Park，Tanzania. Forest Policy & Economics，21，20-31.

Verhofstadt E，Maertens M. 2014. Can agricultural cooperatives reduce Poverty？ Heterogeneous impact of cooperative membership on farmers' welfare in Rwanda. Applied Economic Perspectives and Policy，37（1）：86-106.

Viña A，McConnell W J，Yang H，et al. 2016. Effects of conservation policy on China's forest recovery. Science advances，2（3）：e1500965.

Wallace G E，Hill C M，Brockman D K. 2012. Crop damage by primates：quantifying the key parameters of crop-raiding events. PLoS One，7（10）：e46636.

Wang Q，Yamamoto H. 2009. Local residents' perception，attitude and participation regarding nature reserves of China：Case study of Beijing area. Journal of Forest Planning，14：67-77.

Wang W，Ren Q，Yu J. 2018. Impact of the ecological resettlement program on participating decision and poverty reduction in southern Shaanxi，China. Forest Policy and Economics，95，1-9.

Bottrill M，Cheng S，Garside R，et al. 2014.What are the impacts of nature conservation interventions on human well-being：a systematic map protocol. Environmental Evidence，3（1）：16.

Williams K，Tai H S. 2016. A multi-tier social-ecological system analysis of protected areas co-management in Belize. Sustainability，8（2）：104.

World Tourism Organization and United Nations Development Programme. 2017.Tourism and the sustainable development goals—Journey to 2030. UNWTO，Madrid.

Xu H，Cui Q，Sofield T，et al. 2014. Attaining harmony：understanding the relationship between ecotourism and protected areas in China. Journal of Sustainable Tourism，22（8）：1131-1150.

Yang H. 2018a. Complex effects of telecouplings on a coupled human and natural system. Doctoral dissertation，Michigan State University.

Yang H，Yang W，Zhang J，et al. 2018b. Revealing pathways from payments for ecosystem services to socioeconomic outcomes. Science Advances，4（3）：eaao6652.

Yang H，Lupi F，Zhang J，et al. 2018c. Feedback of telecoupling：the case of a payments for ecosystem services program. Ecology and Society，23（2）：45.

Yang W，Lu Q. 2018. Integrated evaluation of payments for ecosystem services programs in China：a systematic review. Ecosystem Health and Sustainability，4（3）：73-84.

Yang W，Dietz T，Kramer D B，et al.2015. An integrated approach to understanding the linkages between ecosystem services and human well-being. Ecosystem Health and Sustainability，1（5）：1-12.

Yang W，Thomas D，Liu W，et al.2013a. Going beyond the millennium ecosystem assessment：An index system of human dependence on ecosystem services. PLoS One，8（5）：e64581.

Yang W. 2013b. Ecosystem services，human well-being，and policies in coupled human and natural systems. Doctoral dissertation，Michigan State University.

Yergeau M E，Boccanfuso D，Goyette J. 2017. Linking conservation and welfare：A theoretical model with application to Nepal. Journal of environmental economics and management，85：95-109.

Yin，Runsheng. 2009. An integrated assessment of China's ecological restoration programs. Dordrecht：Springer.

Zwerina K，Huber J，Kuhfeld W.1996. A general method for constructing efficient choice designs. Working Paper，Fuqua School of Business，Duke University.

附　录

附录 A　计量参考文献

Andam K S，Ferraro P J，Hanauer M M. 2013. The effects of protected area systems on ecosystem restoration：a quasi-experimental design to estimate the impact of Costa Rica's protected area system on forest regrowth[J]. Conservation Letters，6（5）：317-323.

Andam K S，Ferraro P J，Sims K R E，et al. 2010. Protected areas reduced poverty in Costa Rica and Thailand[J]. Proceedings of the National Academy of Sciences of the United States of America，107（22）：9996-10001.

Bacarreza G J C，Hanauer M M. 2012. Estimating the Impacts of Bolivia's Protected Areas on Poverty[J]. World Development，41（1）：265-285.

Blackman A，Pfaff A，Robalino J. 2015. Paper park performance：Mexico's natural protected areas in the 1990s[J]. Global Environmental Change，31：50-61.

Bowy D B，Evans K L，Oldekop J A. 2018. Impact of protected areas on poverty，extreme poverty，and inequality in Nepal[J]. Conservation Letters，11（6）：e12576.

Clements T，Suon S，Wilkie D S，et al. 2014. Impacts of Protected Areas on Local Livelihoods in Cambodia[J]. World Development，64：S125-S134.

Duan W，Wen Y. 2017. Impacts of protected areas on local livelihoods：Evidence of giant panda biosphere reserves in Sichuan Province，China[J]. Land Use Policy，68：168-178.

Ferraro P J，Hanauer M，Miteva D A，et al. 2015. More strictly protected areas are not necessarily more protective：evidence from Bolivia，Costa Rica，Indonesia，and

Thailand[J]. Social Science Electronic Publishing，8（2）：279-288.

Ferraro P J，Hanauer M M，Miteva D A，et al. 2015. Estimating the impacts of conservation on ecosystem services and poverty by integrating modeling and evaluation[J]. Proceedings of the National Academy of Sciences，112（24）：7420-7425.

Ferraro P J，Hanauer M M，Sims K R E. 2011. Conditions associated with protected area success in conservation and poverty reduction[J]. Proceedings of the National Academy of Sciences，108（34）：13913-13918.

Ferraro P J，Hanauer M M. 2011. Protecting ecosystems and alleviating poverty with parks and reserves：'win-win'or tradeoffs？[J]. Environmental and resource economics，48（2）：269-286.

Hanauer M M，Canavire-Bacarreza G. 2015. Implications of heterogeneous impacts of protected areas on deforestation and poverty[J]. Philosophical Transactions of the Royal Society B Biological Sciences，370（1681）：20140272.

Haruna A，Pfaff A，Van den Ende S，et al. 2014. Evolving protected-area impacts in Panama：impact shifts show that plans require anticipation[J]. Environmental Research Letters，9（3）：035007.

Jiao X，Walelign S Z，Nielsen M R，et al. 2019. Protected areas，household environmental incomes and well-being in the Greater Serengeti-Mara Ecosystem[J]. Forest Policy and Economics，106：101948.

Kari F B，Masud M M，Yahaya S R B，et al. 2016. Poverty within watershed and environmentally protected areas：the case of the indigenous community in Peninsular Malaysia[J]. Environmental Monitoring and Assessment，188（3）：173.

Le H D，Smith C，Herbohn J. 2014. What drives the success of reforestation projects in tropical developing countries？ The case of the Philippines[J]. Global Environmental Change，24：334-348.

Ma B，Cai Z，Zheng J，et al. 2018. Conservation，ecotourism，poverty，and income inequality—A case study of nature reserves in Qinling，China[J]. World Development，115：236-244.

Manejar A J A，Sandoy L M H，Subade R F. 2019. Linking marine biodiversity conservation and poverty alleviation：A case study in selected rural communities of Sagay Marine Reserve，Negros Occidental[J]. Marine policy，104：12-18.

Miranda J J，Corral L，Blackman A，et al. 2016. Effects of protected areas on forest cover change and local communities：evidence from the Peruvian Amazon[J]. World Development，78：288-307.

Naughton-Treves L，Alix-Garcia J，Chapman C A. 2011. Lessons about parks and poverty from a decade of forest loss and economic growth around Kibale National Park，Uganda[J]. Proceedings of the National Academy of ences of the United States of America，108（34）：13919-13924.

Pfaff A，Robalino J，Sandoval C，et al. 2015. Protected area types，strategies and impacts in Brazil's Amazon：public protected area strategies do not yield a consistent ranking of protected area types by impact[J]. Philosophical Transactions of the Royal Society B-Biological Sciences，370（1681）：20140273.

Pfaff A，Robalino J，Herrera D，et al. 2015. Protected areas' impacts on Brazilian Amazon deforestation：examining conservation–development interactions to inform planning[J]. PloS one，10（7）：e0129460.

Pour M D，Motiee N，Barati A A，et al. 2017. Impacts of the Hara Biosphere Reserve on Livelihood and Welfare in Persian Gulf[J]. Ecological Economics，141：76-86.

Robalino J，Villalobos L. Protected areas and economic welfare：an impact evaluation of national parks on local workers' wages in Costa Rica[J]. Environment and Development Economics，20（3）：283-310.

Sims K R E，Alix-Garcia J M. 2017. Parks versus PES：Evaluating direct and incentive-based land conservation in Mexico[J]. Journal of Environmental Economics and Management，86：8-28.

Sims K R E，Thompson J R，Meyer S R，et al. 2019. Assessing the local economic impacts of land protection[J]. Conservation Biology，33.

Sims K R E. 2014. Do Protected Areas Reduce Forest Fragmentation？ A Microlandscapes Approach[J]. Environmental and Resource Economics，58（2）：

303-333.

Sims K R E. 2010. Conservation and development：evidence from Thai protected areas[J]. Journal of Environmental Economics and Management，60（2）：94-114.

Stephanie P，Jimena R S，Alexander P，et al. 2018. Impacts of certification，uncertified concessions and protected areas on forest loss in Cameroon，2000 to 2013[J]. Biological Conservation，227：160-166.

Yuan J，Dai L，Wang Q. 2008. State-led ecotourism development and nature conservation：a case study of the Changbai Mountain Biosphere Reserve，China[J]. Ecology and Society，13（2）.

Zhang Q，Bilsborrow R E，Song C，et al. 2019. Rural household income distribution and inequality in China：Effects of payments for ecosystem services policies and other factors[J]. Ecological Economics，160：114-127.

附录 B　多维贫困测度指标体系构建及测度

贫困是多维度的概念，涵盖社会维度、政治维度、文化维度、制度维度（Gough et al.，2007；Scoones，1998；Sen，1999）。相比于单一维度的收入贫困，从多个维度测量和衡量贫困更能把握贫困的本质和内涵（郭建宇等，2012）。因而本研究基于四川和陕西大熊猫自然保护区周边社区贫困现状，主要借鉴王小林等（2009）和张全红等（2015）设计的多维贫困指标体系，设计测度保护区周边社区多维贫困的指标体系，共有 12 个变量如附表 1-1 所示。

附表 1-1　多维贫困指标体系构建

多维贫困指标	临界值及测度	权重
保险	1=医疗保险和养老保险至少缺一项；0=其他	0.083
健康	1=家中有残疾人或重大疾病者；0=其他	0.083
交通工具	1=家中没有电动车、摩托车和汽车作为出行工具，0=其他	0.083
教育年限	1=户主受教育程度低于 6 年；0=其他	0.083
能源使用	1=取暖做饭只使用薪柴和秸秆；0=其他	0.083
入学	1=家中有 6～16 岁儿童未接受教育；0=其他	0.083
收入	1=家庭人均纯收入低于当地贫困线标准；0=其他	0.083
通信	1=家庭成员能上网人数（包括手机、电脑）为 0；0=其他	0.083
卫生设施	1=家中厕所非改厕；0=其他	0.083
饮用水	1=家庭饮用水为非自来水或受保护的高山泉水；0=其他	0.083
娱乐	1=对自身文化娱乐生活不满意；0=其他	0.083
住房	1=家中住房为土木结构；0=其他	0.083

本研究在借鉴 Alkire 等（2011）、Bennett 等（2013）等学者测量方法的基础上，对多维贫困程度进行了测度。大熊猫自然保护区周边社区家庭多维贫困指标体系构建与测度步骤如下。

（1）指标权重确定（w_j）

各维度和指标权重的确定并无统一明确的规则，在参考文献和联合国开发计划署报告的基础上，具体参考的国内外文献包括 Alkire 等（2014），张全红等（2015），王小林等（2009）以及联合国开发计划署《2019 年人类发展报告》。最后采用维度等权重方法（各维度是等权重的）。指标体系的设计如附表 1-1 所示。

（2）家庭多维贫困指数测度（IMPI）

在计算出权重后，采用综合评价法测算家庭层面的多维贫困状况，计算公式见式（附 1-1）。

$$\mathrm{IMPI}_i = \sum_{j=1}^{d} w_j y_{ij} \qquad \text{（附 1-1）}$$

式中，w_j 为指标权重；y_{ij} 为家庭 i 在第 j 个指标上的取值，i=1，2…，n；j=1，2，…，d。